图解中国传统服饰

我在魏晋穿什么

刘小雪——著

江苏人民出版社

图书在版编目（CIP）数据

我在魏晋穿什么 / 刘小雪著. -- 南京：江苏人民出版社，2024. 8. -- (图解中国传统服饰). -- ISBN 978-7-214-29322-0

Ⅰ. TS941.742.35-64

中国国家版本馆 CIP 数据核字第 20241VB674 号

书　　名	我在魏晋穿什么
著　　者	刘小雪
项目策划	凤凰空间 / 翟永梅
责任编辑	刘　焱
特约编辑	翟永梅
出版发行	江苏人民出版社
出版社地址	南京市湖南路1号A楼，邮编：210009
总 经 销	天津凤凰空间文化传媒有限公司
总经销网址	http://www.ifengspace.cn
印　　刷	雅迪云印（天津）科技有限公司
开　　本	710 mm×1 000 mm　1/16
字　　数	309千字
印　　张	14.5
版　　次	2024年8月第1版　2024年8月第1次印刷
标准书号	ISBN 978-7-214-29322-0
定　　价	88.00元

前言

魏晋南北朝时期的服饰是比较难研究的，一方面因为研究资料比较匮乏，另一方面则因为该时期的服饰更迭频繁，极难总结。东晋葛洪《抱朴子·讥惑篇》云："丧乱以来，事物屡变。冠履衣服，袖袂裁制，日月改易，无复一定。乍长乍短，一广一狭，忽高忽卑，或粗或细。所饰无常，以同为快。其好事者，朝夕放效……"

本书选用的研究资料共有三种：一是文字记录，包括《晋书》等史书，当时的诗歌小说、出土衣物疏等，它们是研究这一时期服装面料、颜色和款式的重要资料；二是图像资料，包括后人临摹的绢画、石刻、画像砖等，虽然如东晋顾恺之的《女史箴图》《列女仁智图》等绢画摹本有刻意拟古的成分在，石刻、画像砖等线条过于简约，很难看清服装结构，但依然可作为研究当时服饰轮廓的重要资料；三是文物资料，包括出土陶俑、衣物残片等，其中出土陶俑多出自南方，做工比较粗糙；衣物残片多出自新疆、甘肃等地，服饰风格受西域影响比较大。综合来说，魏晋南北朝服饰研究资料呈现南少、北多，魏晋少、南北朝多的特点。

需要说明的是，本书中部分内容引用了其他朝代的服饰作为佐证，因为服饰并非随朝代更迭而突变，魏晋南北朝又是一个比较特殊的时期——上承东汉，下启隋唐。这一时期的服饰与汉代一脉相承，而隋朝虽然由北周将领杨坚开国，但是第二任皇帝隋炀帝对晋朝颇为倾慕，屡有"尊汉复晋"之举，因此可以在隋唐服饰中找到很多魏晋时期服饰的身影。所以本书将这些服饰呈现出来，以期为读者提供更生动、更丰满的魏晋南北朝服饰文化。

笔者在阅读现有资料时有两个困扰：一是个别作者描述不清，读后无法感受到服饰的具体形象；二是有些作者使用春秋笔法，或刻意忽略部分史料以佐证自己文章的观点。所以在本书的写作过程中，格外注意规避这两点，在细节处多加研究，例如在讨论冕服十二章图案及皇后礼蚕时戴的十二花钿时，尽量说清图案的具体排布方式。书中所有的论述，都尽量提供相对丰富的文字、文物资料支持。

本书共八章，前六章描述了贵族男性、贵族女性、文人逸士、男仆女侍、劳动人民及稚子幼童在各场合所穿的服饰，参考资料种类比较丰富；第七章主要分析了成人礼、婚礼、葬礼等特殊场合服饰；第八章介绍上巳节、端午节、七夕节、重阳节等传统节日的服饰，以魏晋南北朝时期的诗歌、小说等为主要参考资料。附录对魏晋南北朝时期的衣物疏、服装形制进行了梳理。

希望本书可以帮助大家更好地了解魏晋南北朝时期的服饰文化。书中难免有错漏，敬请各位读者指正。

刘小雪

2024 年 7 月

目录

第一章　贵族男性服饰

第二章　贵族女性服饰

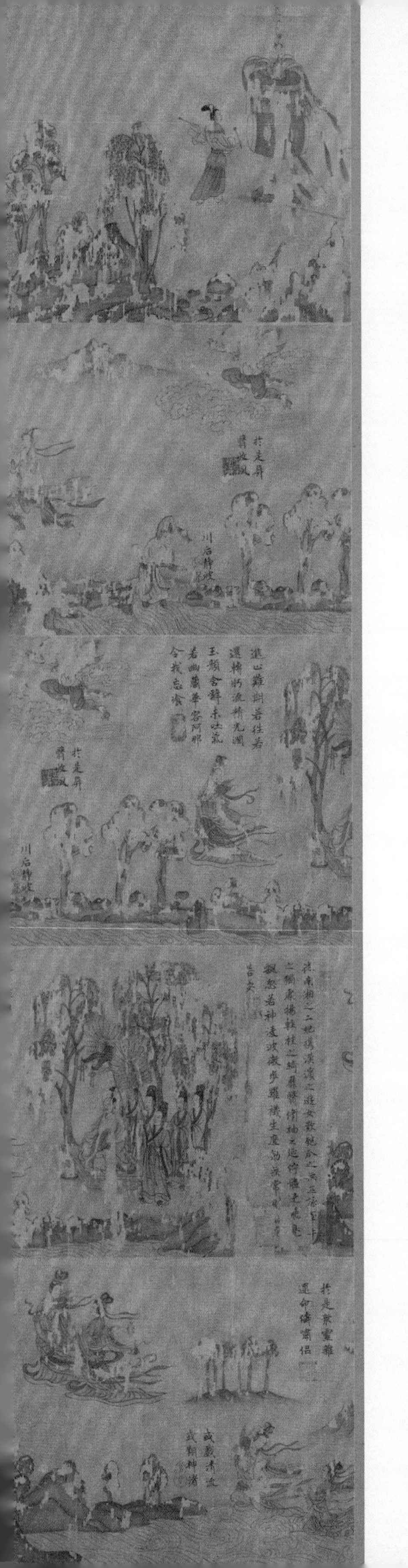

第三章　文人逸士服饰

第四章　男仆女侍服饰

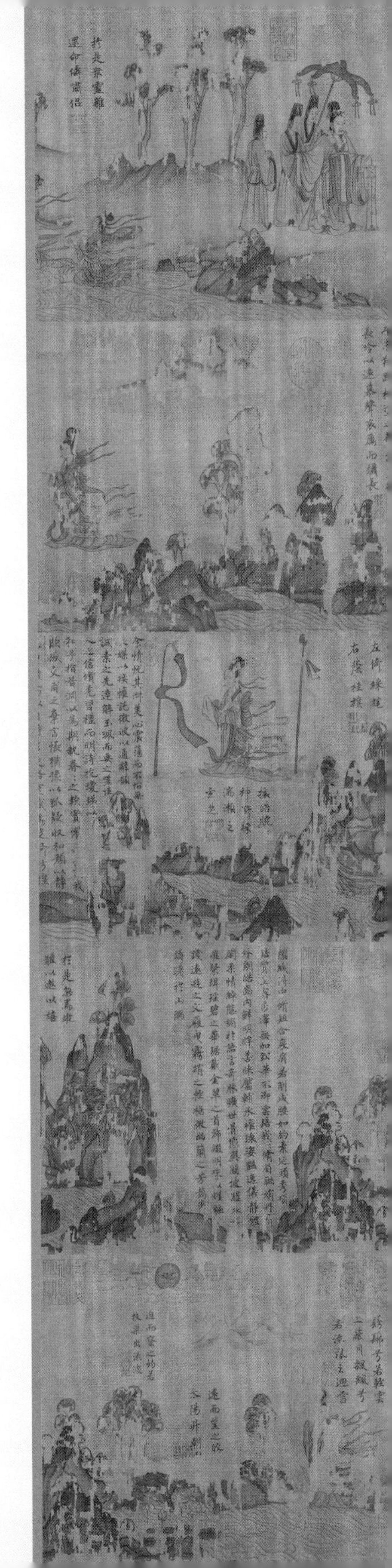

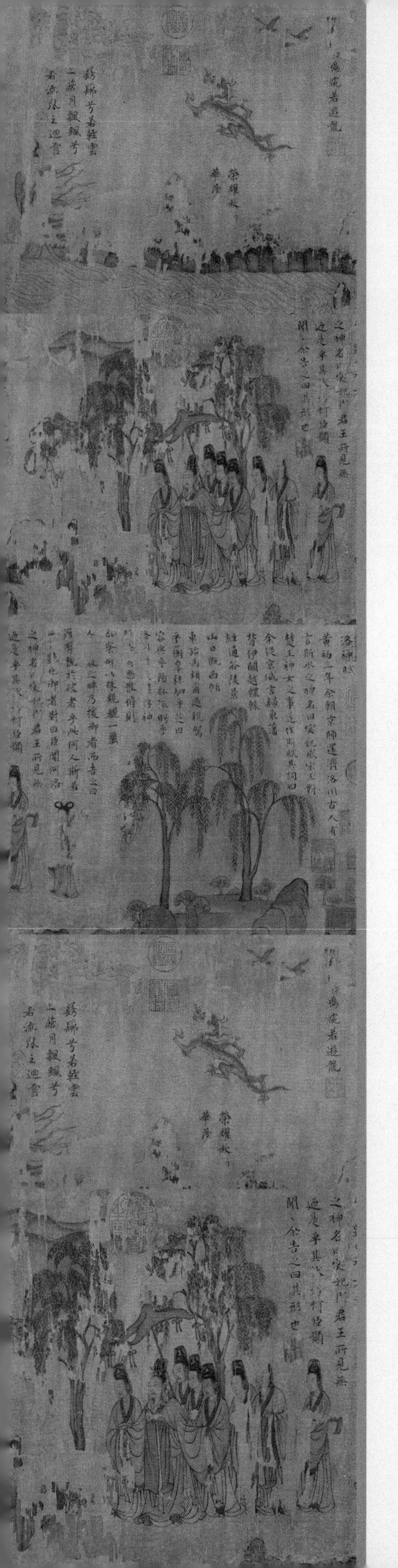

第五章 劳动人民日常服饰

第六章　稚子幼童服饰

第七章　特殊场合服饰

第八章 传统节日服饰

第一章

贵族男性服饰

魏晋南北朝时期的贵族男性是指世居高位、簪缨相袭、地位显赫之人，包括皇帝、皇子、王公、官员等，其中一部分人也称士族。他们不与庶族通婚，与庶族不同座、不同食、不同行，千方百计地在衣食住行方面显示自己作为贵族的优越性。

这种优越性在服饰上的体现为戴冠、穿华丽的衣服、佩戴各类饰品等。这一时期的贵族男性在穿着上普遍会受到一定的约束，例如唐代房玄龄等人合著的《晋书 · 舆服志》记载魏明帝曹丕喜欢头戴绣帽、身披缥纨半袖，由于帝王穿缥色不合礼法，所以受到大臣杨阜的批评。但也有些比较桀骜、放荡的贵族男性无视礼法，在穿衣上随心所欲，不理会他人看法，只求穿个痛快。例如唐李延寿撰《南史 · 齐本纪》记载，废帝郁林王萧昭业在宫内常袒胸露肚，穿红縠裈。

下面让我们一起具体看下魏晋南北朝时期的皇帝在祭祀天地、上朝理政、后宫休憩、郊外打猎时都穿什么。

场景一　皇帝携百官祭祀天地

夏至日，皇帝携百官于郊外祭祀天地，年轻的皇帝头戴冕冠，上身着画绣有日、月、星辰、山、龙、华虫、宗彝（yí）藻图案的交领皂色上衣，下身穿画绣有火、粉米、黼（fǔ）、黻（fú）的绛色下裳，腰间围着朱红色的蔽膝和朱绿缘饰的大带，大带之上挂装饰华美的革带，革带上悬着绶带、美玉、锦囊等装饰，脚穿绛袜赤舄（xì）。随着皇帝大步前迈，绛红裙裳下摆的褶皱装饰微微颤动，犹如水波荡漾。文武百官亦身着与其身份、地位相匹配的冕服，通过祭祀天地祈求国泰民安。

身着冕服的皇帝

一、冕冠——前低后高，上玄下纁

《晋书·舆服志》记载："天子郊祀天地明堂宗庙，元会临轩，黑介帻（zé），通天冠，平冕。"

（一）黑介帻

1. 介帻形制

介帻是一种包头的头巾，类似于便帽，上有顶，且顶部由较硬挺的面料制成，因而呈现"人"字形。包住额头的部分称作"颜题"，盖住头顶的部分称作"屋"，绕到脑后用于固定的部分称作"耳"。介帻后方和"屋"上均开孔，通过插入簪导来固定。黑介帻即由黑布制成的介帻。

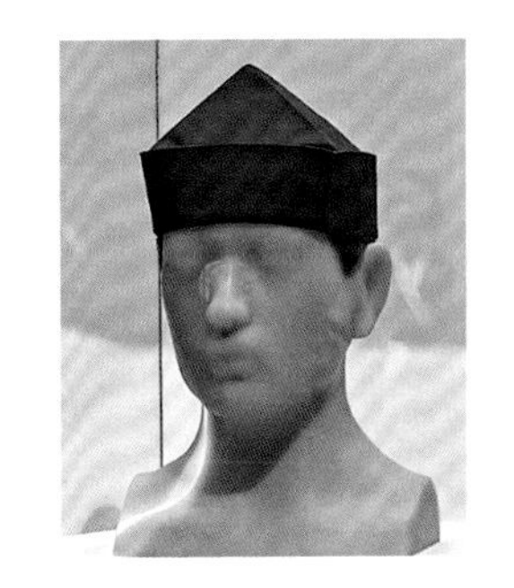

▶ 复原的黑介帻（现藏于中国国家博物馆）

2. 帻的演变

关于帻的演变,《晋书·舆服志》中有一个非常有趣的说法。古时有"士冠庶人巾(帻)"（东汉刘熙《释名》）的传统，即帻是卑贱之人的服饰，有身份的人是不用的。东汉时期，有个叫韩康的士人，隐居在霸陵山中，屡次被汉桓帝刘志征召，后来实在推辞不过，便要求自己坐牛车下山，因为头戴帻被错认为没有背景的种田老头，牛车都被抢去。

汉朝时，汉元帝因为"额有壮发"（东汉蔡邕《独断》），即额上有很多碎发，无法梳干净，所以在冠下佩戴巾帻。此时的帻类似于布条，遮盖额前脑后，仅起到将碎发捋上去的作用，其上无屋，称"空顶帻"。既然皇帝都戴帻了，也就没人再强调"庶人巾"这一说法了。因为冠需要维持一定的形状，所以一般做得比较硬，戴着不是特别舒服，在冠下戴帻，帻的柔软卸掉冠的一部分压力，就会舒服许多。

传说王莽篡权夺位后，为了掩盖他秃顶这一事实，命人在帻上加覆盖头顶的结构，这便形成了"屋"，帻的基本形制就此形成，屋比较平的称平帻，屋向上凸起的称介帻。

▶ 头戴长耳黑介帻的皇帝

（二）通天冠

《晋书·舆服志》记载：“通天冠，本秦制。高九寸，正竖，顶少斜却，乃直下，铁为卷梁，前有展筒，冠前加金博山述，乘舆所常服也。”

通天冠是皇帝专用的冠，不仅可以用于承冕，还可作为皇帝的朝服，供皇帝坐朝议政时穿戴。通天冠由冠体、簪导两部分组成，冠体前部近直、后部卷曲、顶部近平，由铁质的卷梁维持基本结构，两侧透空，可以看到冠下的介帻。簪导多为玉制，主要作用是穿过头发固定冠。通天冠的主要特征是冠前有金博山，即山形状的金制装饰，隐含着对皇帝如山一般稳重的期待。

除了金博山，冠前还可以装饰金蝉。西晋陆云在《寒蝉赋》中夸赞蝉有五德，即文雅、正气、清廉、节俭和诚信，既是对皇帝德行的夸赞，也是要求皇帝时刻谨记五德。相比于金博山只能加在皇帝专用的通天冠上，金蝉也可以装饰在官员的冠上。南京大学北园东晋墓和江苏南京仙鹤观东晋墓均有相关文物出土，文物大小约 5 厘米见方。用作冠前装饰的金博山和金蝉可以统称为“金珰（dāng）”，金珰以“珰当冠前，以黄金为之”（唐李贤等注《后汉书·朱穆传》）而得名。

▲ 头戴通天冠的皇帝

▲ 江苏南京仙鹤观东晋墓出土蝉纹金珰示意图

（三）平冕

《晋书·舆服志》记载：“冕，皂表，朱绿里，广七寸，长二尺二寸，加于通天冠上，前圆后方，垂白玉珠，十有二旒，以朱组为缨，无緌。”

平冕由冕板、冕旒、黈纩（tǒu kuàng）、朱缨组成。

1. 冕板

冕板又称“延”，是冕的主体结构，以木为材料，上覆黑帛制成，形制和颜色都相对固定，呈现前圆后方、前低后高、皂表朱绿里的特点。前圆后方的形制契合我国古代

▲ 平冕的构成

"天圆地方"的观念，是天人感应的表现；前低后高的佩戴方式用于表现皇帝的谦逊，也有礼贤下士之意。至于冕板的颜色，则展现了我国古代的五色思想，古人将青、黄、赤、白、黑五种颜色看作尊贵的正色，将由上述颜色调和出来的颜色看作低贱的间色。虽然如此，间色并非不可为贵者服，有时也会与正色配合使用以表尊卑有序。冕板外表为皂色，即纯黑色，是尊贵的颜色，所以被用作冕板"表"的颜色；朱绿色是由青色和红色调和而成的间色，是卑微的颜色，所以被用来作为冕板"里"的颜色。

2. 冕旒

冕旒是悬挂在冕板前后两端的下垂的珠子，一般为白玉珠，从"系白玉珠于其端"（东汉蔡邕《独断》）这一文字描述和唐代阎立本《历代帝王图》中的图像一致可以推断，这一时期的冕旒不是每旒配一串珠子，而是仅在每旒端部系一颗白玉珠。

比较南朝宋范晔《后汉书·舆服志》和唐朝魏徵、令狐德棻等编撰的《隋书·礼仪志》的记载，可知冕旒尺寸在魏晋南北朝时期发生过一次变化。南朝宋之前，冕旒尺寸为"前垂四寸，后垂三寸"（《后汉书·舆服志》）；南朝宋之后，冕旒尺寸长至齐肩。

冕旒数量会因冠冕佩戴者身份不同、使用场合不同而有区别。根据《晋书》记载，太子、诸王和文武百官祭祀时所戴的冕冠形制与皇帝的冕冠类似，冕旒数量存在比较明显的差异，皇帝冕冠为十二旒，皇太子为九旒，王公八旒，卿七旒。山东邹城鲁荒王朱檀墓出土冕冠便是九旒冕。

▲ 明代九旒冕（博物馆之约摄于山东省博物馆）

3. 黈纩

黈纩是自冕板两侧垂至耳部的结构，也称充耳，是由黄色棉线悬挂的小球，小球材质可能是玉石，也可能是黄绵，目前尚未有定论。

对于冕旒和黈纩的作用，汉代东方朔提出过一个很有趣的看法，他认为眼前的冕旒用于"蔽目"，即提醒佩戴者不能什么都看；耳边的黈纩用于"塞聪"，即提醒佩戴者不能什么都听。

4. 朱缨

朱缨是用来固定冕的重要构件，但是魏晋南北朝时期的朱缨都是自然下垂而不是系起来的。

▶ 头戴冕冠的皇帝

二、冕服——皂衣绛裳，绣十二章

《晋书·舆服志》记载："衣皂上，绛下，前三幅，后四幅，衣画而裳绣，为日、月、星辰、山、龙、华虫、宗彝、藻、火、粉米、黼、黻之象，凡十二章……中衣以绛缘其领袖。"

（一）上衣下裳

我国古代服装的基本形制有两种，一种是上下分离制，一种为上下连属制。上下分离制根据下衣的服饰类别可分为上衣下裳和上衣下裤，上下连属根据是否分裁可分为深衣和袍服。两种形制各有优势，上衣下裳或上衣下裤相对来说比较方便，一来可以根据心情、审美随意搭配上装和下装，二来脱卸换洗比较方便；深衣和袍服由于是上下一体的，所以更加有利于保温，且更能衬托形体线条。

上衣下裳是我国最古老的服装形制，传说为黄帝所创，《周易·系辞下传》记载："黄帝、尧、舜垂衣裳而天下治，盖取诸乾坤。"所以历代帝王的祭祀服装都采取上衣下裳制以示尊古，即使是将上衣下裳连属为一体，也会在腰间加一横襕模拟上衣下裳制。

魏晋南北朝时期的上衣下裳制可以分为两个阶段，第一阶段为三国时期，这一时期流行上衣长、下裳短，南朝梁沈约《宋书·五行志》记载："孙休后，衣服之制，上长下短，又积领五六而裳居一二。干宝曰：'上饶奢，下俭逼，上有余，下不足之妖也'。"第二阶段是晋及晋以后，这一时期流行上衣短、下裳长，《晋书·五行志》记载："武帝泰始初，衣服上俭下丰，着衣者皆厌腰。此君衰弱，臣放纵，下掩上之象也。"

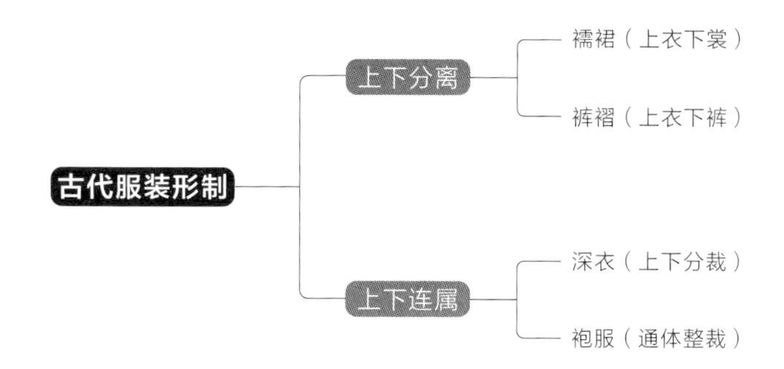

（二）冕服上衣

冕服上衣共四件，分别为一件内衣、两件中衣和一件外衣。

1. 内衣

内衣也称“小衣”，是贴身穿的衣服。冕服内衣为广领形制，领口较大，能露出整个脖子。

2. 中衣

汉刘熙《释名·释衣服》记载：“中衣，言在小衣之外，大衣之中也。”

中衣是穿在贴身内衣之外、外衣之内的衣服，一般以素帛为之，领、袖用锦绣装饰，穿着时露在外面，用于彰显穿着者身份。冕服内的两件中衣叠穿，里面的为曲领中衣，外面的为交领中衣，曲领起到防止交领往上蹿的作用。曲领中衣是这一时期非常流行的服饰，各阶层男女均可穿着。

《晋书·舆服志》中有：“中衣以绛缘其领、袖。”缘是衣物上的装饰性镶边，作动词有给衣物等镶边装饰的意思，该句的意思是用绛色的锦绣修饰冕服中衣的领口、袖口。

中衣与裼（xī）衣概念接近，都是穿在内衣之外、外衣之内的衣服，区别在于应用场景。裼衣一般与裘搭配，是穿在裘衣外的衣服，颜色一般与裘衣相同。冬季寒冷，冕服内可以多穿一件裘衣。

▲ 《历代帝王图》中身穿曲领中衣的皇帝

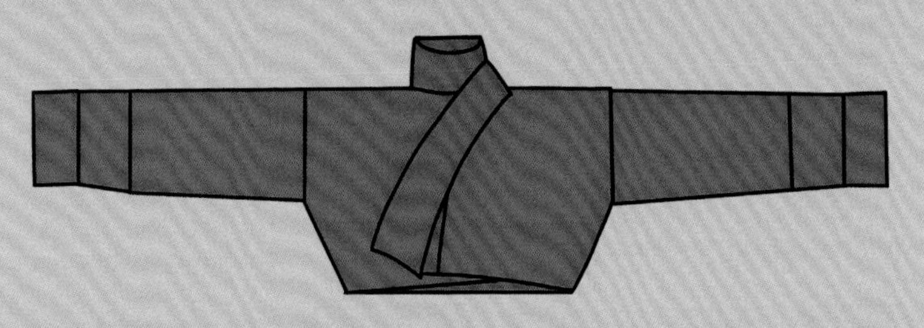

▲　曲领中衣形制图（根据新疆和田尼雅遗址古墓出土绢衣推测绘制）

3. 外衣

外衣也称“大衣”，是穿在最外面的衣服。冕服外衣为纯黑色，画绣有日、月、星辰、山、龙、华虫、宗彝、火八种图案。画绣是一种半绣半画的装饰方式，指用彩色丝线绣出外轮廓，空白处用颜料填涂的形式。相比于画，画绣更加牢固，褪色后只需要重新填色即可；相比于绣，画绣更省事。

（三）冕服下裳

下裳为绛色，绣有藻、粉米、黼、黻的图案，底部有褶皱设计，显得层层叠叠，走起路来更添威仪。根据史料记载，裳之下还有裤，最早的裤被称为“胫衣”，是两条套在腿上的裤管，没有裆，不能遮蔽隐私部位，只能御寒。而魏晋南北朝时期的裤就已经有裆了，形状与现代的裤子类似。

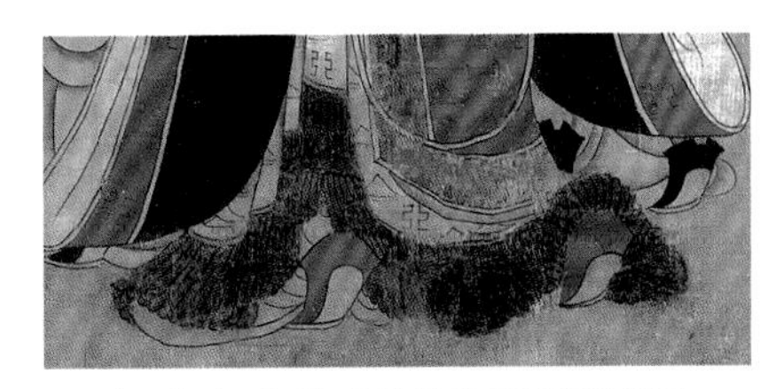

▲《历代帝王图》中的冕服下裳褶皱设计

（四）裳与裙的区别

有些人将裳等同于裙，这是错误的。在古代，裳和裙有着非常明显的区别。一方面，裳和裙的形制不同，裳是两片式的，前片由三幅布片缝制而成，后片由四幅布片缝制而成；而裙是一片合围式的。另一方面，裳和裙的使用人群不同，《仪礼·丧服》记载裳为“男子之服，妇女则无”，实际上男子既可以穿裳，也可以穿裙，而女子只能穿裙。

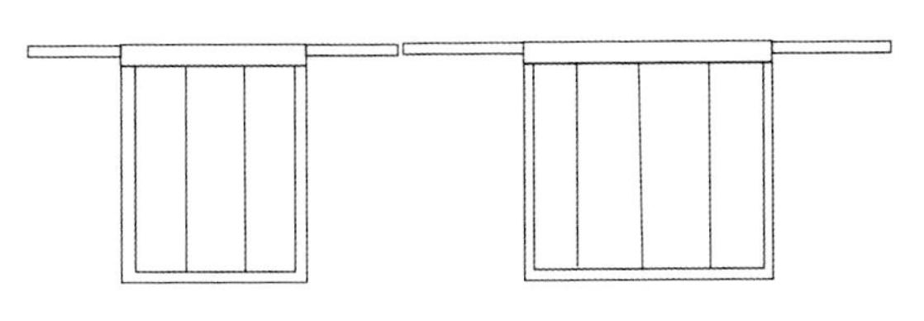

▲ 前三幅后四幅的裳

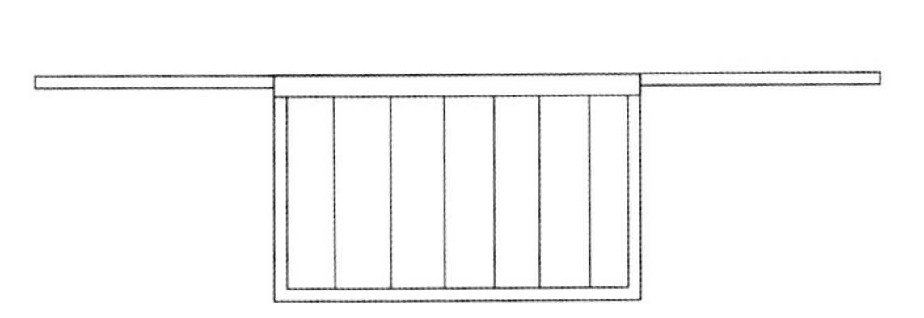

▲ 一片合围式的裙

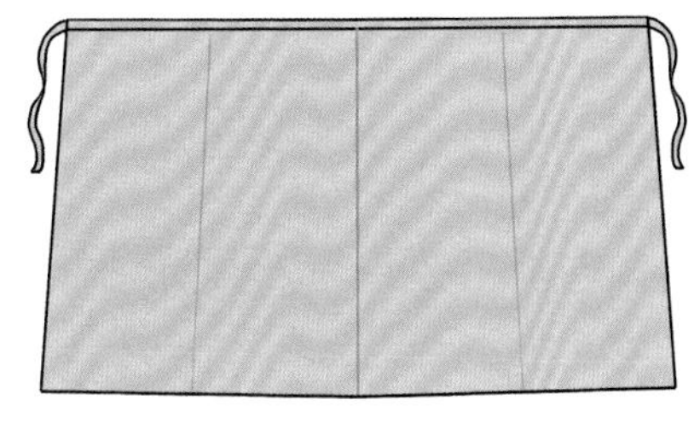

▲ 湖南长沙马王堆汉墓出土绢裙形制图

（五）十二章纹的文化意义和排列方式猜测

十二章纹最早的记载出现在《尚书》中，可追溯到舜帝时期，但是直到东汉才被系统地运用在服饰上。十二章纹中的每一章都有其象征意义，这不仅是表达对皇帝德行的赞美，更是希望皇帝在穿着冕服时，看到身上的图案，便能联想到百姓和百官的期盼，从而约束自身行为，负起国家责任。

十二章纹的图案为日、月、星辰、山、龙、华虫、宗彝、藻、火、粉米、黼和黻。

日中绘三足乌，取其照临之意；月中绘玉兔，取其光明之意；因为古代人们靠夜观星象判断凶吉，所以星辰取其吉祥之意；山取其镇定、稳重之意；龙是呼风唤雨的神兽，用于展示至高无上的皇权，取其神异、变幻之意；华虫也称雉，即红腹锦鸡，因为羽毛艳丽，所以取其文采卓越之意；宗彝取其忠孝之意；藻取其才思不断之意；火取其生生不息之意；粉米取其重视农桑之意；黼取其公平公正之意；黻取其明辨是非之意。

▲ 十二章纹

十二章纹究竟是如何在冕服上排列的呢？当前尚缺少魏晋南北朝时期的文字和图像资料，《历代帝王图》中的皇帝冕服画像仅将日、月两纹画出，所以要想研究这个时期冕服十二章纹的排列形式，只能从临近朝代入手。

隋朝大业年间，隋炀帝规定了十二章纹在皇帝衮冕上的具体位置，即“于左右髆（bó，肩）上为日月各一，当后领下而为星辰，又山、龙九物，各重行十二……衣质以玄，加山、龙、华虫、火、宗彝等，并织成为五物；裳质以纁（xūn，浅红色），加藻、粉米、黼、黻之四。衣裳通数，此为九章，兼上三辰（指日、月、星），而备十二也（《隋书·礼仪志》）”。

隋炀帝本就有“晋朝情结”，且《历代帝王图》确实画出“肩挑日月”的情况，所以用隋朝的文字记载去推断魏晋南北朝时期的十二纹排列方式是可行且可信的。根据上尊下卑的文化共识，加之五代绢画《五方五帝图》中冕服袖边同列十二章的不同图案，可以推测出其他九纹按照每行十二个的方式排列。但这仅是笔者推测，若某天有相关文物出土，这一推测也可能被推翻。

▶《五方五帝图》中同列十二章纹不同图案的冕服

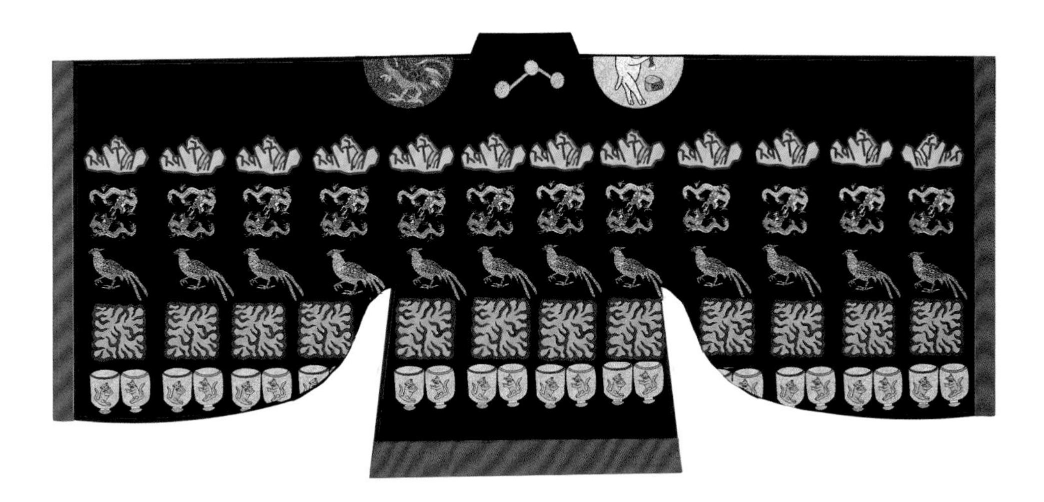

▲ 上衣十二章纹排列方式推测图

（六）上衣下裳的穿法

从魏晋南北朝时期的图像资料来看，这一时期上衣和下裳的穿着方式有两种：一种是上衣穿在下裳外面，将下裳盖住一部分；一种是上衣塞在下裳里。两种衣裳穿着方式恰好对应了两个时期。山东嘉祥武梁祠的东汉末年画像石和山西大同的北魏司马金龙墓出土的漆画屏风中的上衣都是穿在下裳之外，北魏浮雕《皇帝礼佛图》和隋唐绘画作品《历代帝王图》中的冕服则是上衣塞入下裳内的，据此可以推测魏晋南北朝前期冕服上衣穿在下裳外，后期冕服上衣束在下裳内，北魏可能是两者并行的过渡期。

（七）冕服上衣是“对襟”形制吗?

《历代帝王图》中皇帝冕服的上衣形制有交领和对襟两种，其中晋武帝的冕服上衣趋向对襟式样。但冕服作为一种祭服，各朝皇帝为了体现其正统性，肯定都向周礼和前朝式样看齐，所以不太可能直接将周礼中传统的交领右衽形制改为对襟形制。

综上所述，魏晋南北朝时期的冕服上衣应该仍是右衽形制，只是衣襟相交处比较靠下，胸腹部又有蔽膝、围腰等遮挡，看不到衣摆，所以看起来像是对襟而已。

三、蔽膝——皮革材质，下垂至膝

《晋书·舆服志》记载：“赤皮为韨（fú）。”

蔽膝是围在腰下裳前的长巾，形状上窄下宽，像一把斧头，长度差不多到膝盖，学名为“韨”。通过学名可以推测出其由皮革制成，颜色与下裳相配为朱红色，上面绘制龙、火、山等花纹，左右对称分布。魏晋南北朝时期流行两种形制的蔽膝：一种是比较小、比较轻薄的方形蔽膝，一般与袍搭配；一种是比较厚实的圆形蔽膝，与冕服搭配。

蔽膝是一种比较常见的服饰，各阶层男女均可穿着。

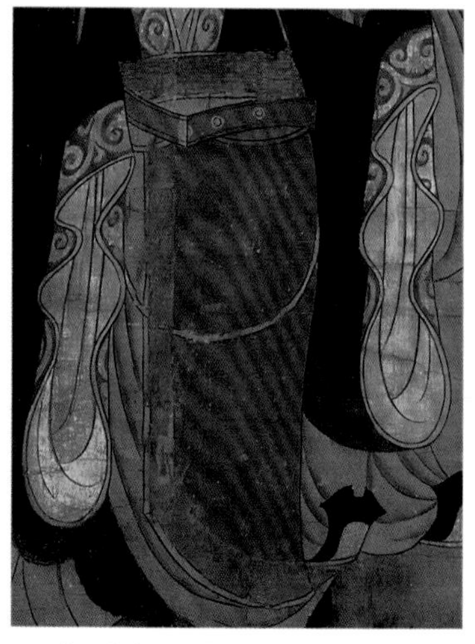

▲《历代帝王图》中曹丕穿的朱红蔽膝

四、绛袜赤舄——双层木底，前齿上翘

《晋书·舆服志》记载：“绛袴（通裤）袜，赤舄。”

（一）绛袜

《释名·释衣服》记载：“襪（袜），末也，在脚末也。”

1. 古代袜子的材料

古代的袜子与现代的袜子不同，因为面料缺乏弹性，所以袜子无法做到与脚部完全贴合，都会大一些，且顶端有带子，系在腿上固定袜筒从而防止滑落。

唐马缟《中华古今注》记载：“三代及周，著角韈（古同‘袜’），以带系丁踝。至魏文帝吴妃，乃改样以罗为之。后加以彩绣画，至今不易。”最初的袜子并不是用布料裁剪缝制而成，而是由皮革制成，且袜子因为穿在鞋内不容易被看到，属于服饰中的“尾服”，所以人们很少在其装饰上下功夫。新疆塔里木盆地南缘的扎洪鲁克古墓出土了一双西周时期的皮氈（毡）袜，袜头呈三角形。

直到汉代以后，布袜才出现，人们也开始用绣、画的方式装饰袜子。湖南长沙马王堆汉墓出土了一双绛紫绢袜，这说明西汉末便已经有丝绢制成的袜子了。绛紫绢袜的袜靿（yào，靴、袜的筒儿）比较高，脚面和后侧缝线，袜底无缝，靿后开口，开口处缝有素纱袜带，穿着时系紧袜带避免袜子脱落。据此可以推断，约在秦汉时期，袜子制作原料由皮革转变为布料。

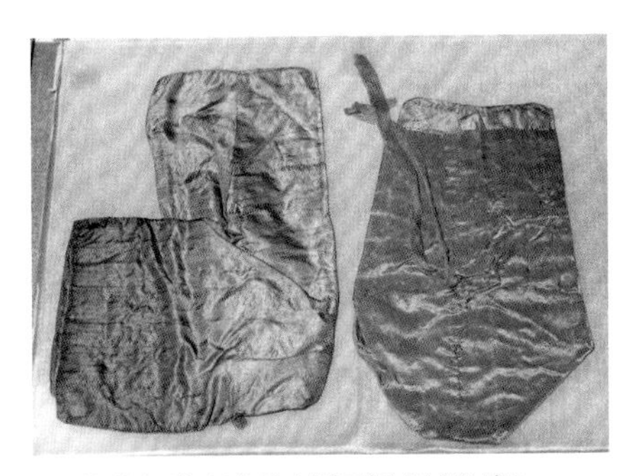

▲　绛紫绢袜（逛展去摄于湖南博物院）

2. 绛袜

绛袜是一种红色的袜子，由绢、罗等面料制成。皇帝祭祀天地时穿绛袜，用于表达自己赤心侍奉天神的诚意。

（二）赤舄

《释名·释衣服》记载：“舄，腊也，行礼久立，地或泥湿，故复其下使干腊也。”

1. 赤舄

舄是一种双层厚木底鞋，鞋底比较厚，鞋帮比较浅，通常根据鞋帮色彩来命名，赤舄即红色的厚木底鞋。双层木底的主要作用是防止湿泥浸透鞋袜，除了在舄下加一层木底，还需在木底涂一层干蜡，防止鞋底粘泥。

这一时期，人们对不同场合所穿的鞋有比较严格的规定，祭祀穿舄，燕服穿屦（jù），出门穿屐。

由于冕服博大且裙摆及地，为了避免行走时被裙摆绊倒，往往搭配高头大舄，用“高齿”将裙摆勾起避免前行时踩到，这一时期的“高齿舄”逐渐演变成后人熟悉的“笏头履”样式。

▲ 汉代舄描摹图
［根据乐浪彩箧冢（位于今朝鲜平壤）出土实物绘制］

▲《历代帝王图》中晋武帝穿的赤舄

2. 舄与屦的区别

舄与屦是比较相似的概念，两者最大的不同是单层鞋底的为屦，双层鞋底的为舄，屦的单层底用皮制成，舄的双层底用木制成，所以舄也被称为“达屦”，即多一层底的屦。

五、礼服配饰——彩绶革带、美玉木剑

冕服配饰主要为大带、绶、玉、革带、木剑等，魏晋时期有些皇帝喜欢随身携带玉玺，所以会额外佩戴绶囊。因个人习惯不同，绶囊佩戴在腰的左右侧均可。绶囊里除了放玉玺外，有时候也会将绶一起塞进去。

（一）大带

《晋书·舆服志》记载：“素带广四寸，朱里，以朱绿裨饰其侧。”

1. 大带形制

大带又称“缙带”，宽四寸，一面红，一面白，两侧分别有红色和绿色缘饰。制作大带的材料是丝，制作方法为先将表里两层缝合，然后将红绿色布条缝在两侧作为缘饰。使用的时候围在腰上，于腰前打结，自结下垂三尺，白色面朝外，红色面朝里。大带一般是系在蔽膝外面的，垂下部分被称为“绅”，下垂长度也与蔽膝相当，大概到膝盖的位置。

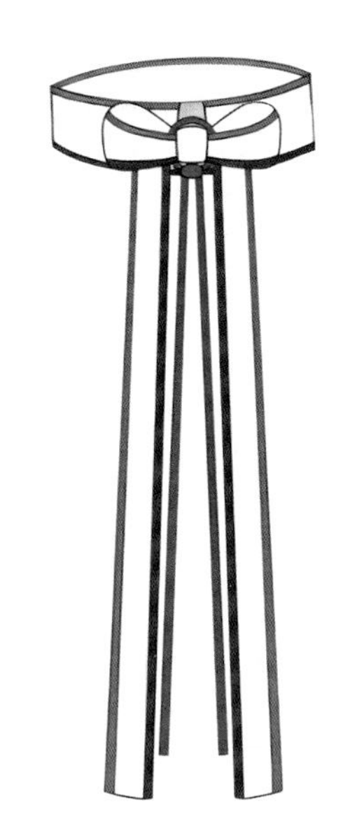

▶ 大带形制图

2. 大带打结方式

创作于北魏期间的《帝后礼佛图》显示，这一时期的冕服大带应该是在腰前系一个类似死结的结，也有图像资料显示所系之结为蝴蝶结。

然而，我对大带的打结方式产生了疑惑：大带宽约四寸，即 13 厘米左右，如何能在腰间打个死结或蝴蝶结而不显得累赘突兀呢？我在董进老师（笔名撷芳主人）的书中找到了答案，虽然撷芳主人所研究的明代服饰与魏晋南北朝时期的服饰相差甚远，但是如前文所说，历代汉族皇帝为了显示自己的正统性，往往会沿袭前朝礼服甚至想方设法复原前朝礼服，所以明代冕服的大带系法有一定的参考意义。撷芳主人考证冕服大带是由束腰和垂带两部分组成，其中束腰部分以纽襻扣纽系，并缀有假结，也就是说，大带中间的死结或蝴蝶结是提前做好缝上去作为装饰用的，不是直接由大带打结形成的。

3. 纽约

用来固定大带的纽襻结构在这一时期被称作“纽约”，据西汉戴圣《礼记 · 玉藻》记载：“天子素带朱里终辟……并纽约，用组三寸，长齐于带。”“纽”即器物上用以系带便于提携悬挂的部件，“约”即捆绑栓套，“组”即丝带。关于纽约为何物有两种说法，一说纽约实际上就是古代的纽扣，一说纽约是挂在大带结上的细丝带。

（二）革带

《晋书 · 舆服志》记载：“革带，古之鞶（pán）带也，谓之鞶革，文武众官牧守丞令下及驺寺皆服之。其有囊绶，则以缀于革带，其戎服则以皮络带代之。”

1. 革带的功能

有些皇帝比较讲究“仪式感”，穿冕服的时候要佩戴玉玺及玉、佩剑等装饰物。这些装饰物直接悬挂在腰上很容易导致衣带变形。为了解决这一问题，人们研究出了革带。革带是由皮革制成的，不易变形，专门用来悬挂这些比较沉的配饰。

▲ 山西太原北齐娄睿墓壁画中的革带

2. 革带的组成

一条完整的革带由鞓（tīng）、銙（kuǎ）、铊（tā）尾和带扣组成。鞓是指皮质的腰带，銙是镶缀在鞓上的玉，铊尾是指镶在带末端的半圆形带板，带扣是指与铊尾连结的“扣”，铊尾和带扣有些类似于现代皮带的尾端和皮带头。革带上钉有若干枚銙，銙上钻小孔，小孔挂小带，以便悬挂玉佩、锦囊等日常用品。

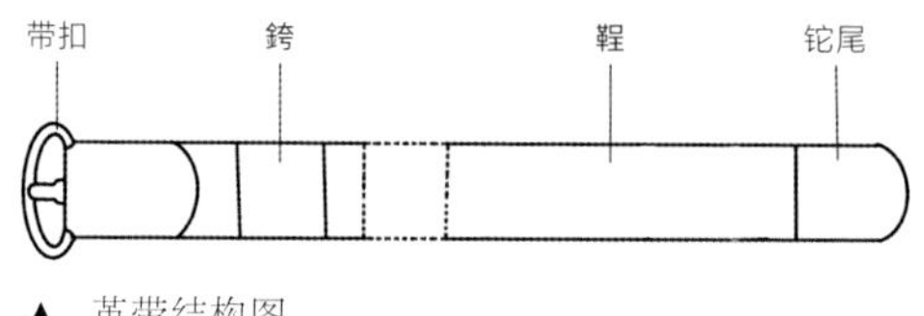

▲ 革带结构图

3. 革带的演变

最初，革带作为悬挂物品用的“实用品”是被藏在大带下面的，但随着革带的设计越来越精巧华丽，人们开始愿意将其展示出来，通过革带装饰来标榜自己的品位，革带开始逐渐变为“装饰品”。到了唐代，革带已经成为判断官员品级的重要标志。

在魏晋南北朝之前，人们利用带钩和钩环固定衣物，上至王公大臣，下至平民百姓都可使用。带钩的材质主要为金属和玉石，虽然造型丰富，但结构相似，大多由钩首、钩体和钩钮三部分组成，钩首与钩环钩合固定，广西北海市合浦博物馆就藏有一套完整的带钩和钩环。然而到了魏晋南北朝乃至隋唐时期，带钩便很少出现，而革带和玉带填补了这一空白。带钩直到宋元时期才重新流行起来，这一时期的带钩呈扣形，与现代的卡扣类似。

► 配套的带钩和钩环描摹图（根据广西北海市合浦县博物馆馆藏文物绘制）

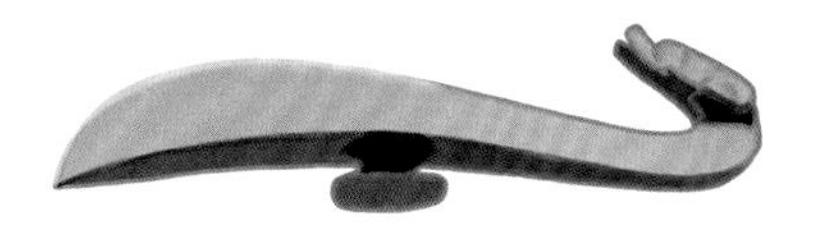

▲　汉代玉带钩描摹图（根据甘肃省博物馆馆藏文物绘制）

▲　东晋白玉凤首带钩描摹图（根据安徽省太白镇太白村出土实物绘制）

（三）美玉绶带

君子佩玉的传统源于战国，在魏晋南北朝时期仍然非常流行。不同阶层的人佩戴不同种类的玉石，据《晋书·舆服志》记载，皇帝佩戴白玉，皇太子佩戴瑜玉，诸侯佩戴山玄玉。

绶是用来连接玉的丝带，是由编织较密的提花织物制成的。魏晋南北朝时期，人们流行以回环的方式佩戴绶带，所以绶带一般比较长，有的人嫌太长不方便，便将绶带塞到绶囊里面，用的时候再取出来。

根据沈从文先生的研究，汉代绶带悬挂在右腰一侧，长度很长。魏晋制度多沿袭汉制，且东晋顾恺之所绘《列女仁智图》中男性绶带确在右侧，并有回环的设计。所以可推测出，魏晋时期的绶带也佩戴在右腰一侧。

▲《列女仁智图》中右腰悬挂美玉绶带的男子

（四）木剑

有些皇帝穿冕服时还喜欢佩剑。自晋以来，天子一般佩戴玉柄木剑，王公皇子等则佩戴以蚌、金银、玳瑁为柄的木剑，没有什么杀伤力，仅作为装饰而已。魏晋南北朝之前，人们有佩戴刀剑的习惯，但是刀剑尺寸一般不大。汉司马迁《史记·刘邦本纪》中记载刘邦路斩白蛇的剑也不过半米长。但是南北朝时期佩剑的尺寸相当大，足有半人高。根据史料记载，这类木剑上常刻鹿卢花纹。鹿卢是古代井上汲水用的细腰滑轴，隋代学者颜师古为《汉书·隽不疑传》作注时引用晋人晋灼原话：“古长剑首以玉作井鹿卢形，上刻木作山形，如莲花初生未敷时。今大剑木首，其状似此。”

（五）兽头鞶囊

1. 什么是兽头鞶囊

兽头鞶囊是一种由皮革制成、兽头形状的囊，类似于现代的腰包，可用于盛放印章、玉佩、绶带等，一般挂在革带上，不仅皇帝可以用，内外命妇也可使用。魏晋南北朝时期的兽头鞶囊多存在于文字记载中，例如《晋书·舆服志》记载东晋皇太子的五时朝服配有“玉钩燮（xiè）兽头鞶囊”。虽鲜有图像资料，但其具体形制可以参考山东沂南汉墓出土的画像石。

▲ 兽头鞶囊

▲ 山东沂南汉画像石线描图

2. 鞶囊的发展

鞶囊早在商周时期便已出现，这一时期的鞶囊功能比较单一，主要用来盛物，且男女所用鞶囊的材料存在差异。《礼记·内则》记载：“男鞶革，女鞶丝。”即男性佩戴的鞶囊是由皮革制成的，女性佩戴的鞶囊是由丝帛制成的。

汉代时，鞶囊已经不仅用于盛物，还是佩戴者身份的象征。其主要由官员于腰间佩戴，也称“縢（téng）囊”“傍囊”等，多以兽头为图案，兽头图案中又以虎头纹样居多，所以也称“虎头鞶囊”。

魏晋时期的鞶囊分化为两类，一类沿袭汉制，形状多为兽头，悬挂于腰间或肘后；一类专用于尚书等高级官员的朝服，因为颜色为紫色，所以称“荷紫”。这一时期的鞶囊是官民、男女通用，多悬挂在腰间。

隋代时，鞶囊形制沿袭前代，但是制作材料发生变化，不同等级官员所佩戴的鞶囊材质存在差异。《隋书·礼仪志》记载：“鞶囊，二品以上金缕，三品金银缕，四品及开国男银缕，五品彩缕。”鞶囊自此有了区分官阶的作用。

唐代沿袭隋代鞶囊等级制度，有了“算袋”“承露囊”等新名称，形制和纹饰都更加丰富。宋代称鞶囊为“茄袋”，元代称鞶囊为“荷包”，与现代荷包已无太大差别。

场景二　皇帝上朝处理国家大事

天还未大亮，朝会便已经开始了。年轻的皇帝坐在龙椅上，头戴通天冠、黑介帻，身穿皂领中衣和绛纱袍，腰围绛纱蔽膝，足穿绛袜黑舄，威严地看着站成几排的文官武将。文官皆头戴进贤冠，文质彬彬；武将皆头戴武冠，气度不凡；外官谒者、仆射等戴高山冠；御史、廷尉等戴法冠，神情庄严。

一、皇帝朝服——戴通天冠，着绛纱袍

《晋书·舆服志》记载："其朝服，通天冠高九寸，金博山颜，黑介帻，绛纱袍，皂缘中衣。"

（一）通天冠

关于通天冠的形制已在冕服一节做过解释，此间不再赘述。

《晋书·舆服志》记载："远游冠，傅玄云秦冠也。似通天而前无山述，有展筒横于冠前。皇太子及王者后、帝之兄弟、帝之子封郡王者服之。诸王加官者自服其官之冠服，唯太子及王者后常冠焉。太子则以翠羽为緌，缀以白珠，其余但青丝而已。"

魏晋南北朝时期，通天冠和远游冠都是皇帝常用的冠，其中通天冠是皇帝专用的，远游冠则皇帝、皇子均可用，两者形制几乎一致，区别在于通天冠前有金博山。太子所戴远游冠的系绳是用翠羽制成的，且缀有白玉珠，其他人的系绳则以青丝制作而成。

▲ 头戴远游冠的皇子

▲ 东晋顾恺之《洛神赋图》中头戴远游冠的皇帝

戴远游冠穿绛纱袍的皇子

（二）绛纱袍

魏晋南北朝时期的朝服形制为袍。袍是一种长至脚面的外衣，由于多是穿在最外面的，所以一般使用比较厚实的面料裁剪缝纫而成，但是魏晋南北朝时期的朝服是绛纱袍。绛即红色，纱是一种比较轻薄透气的面料。透过纱袍，很容易看到下一层的衣服，所以需要在绛纱袍内再穿一件白单衣。白单衣的长度与绛纱袍相同，但是不透。白单衣内再穿一件中衣，中衣领口、袖口均有黑色缘饰，被称为皂缘中衣。

二、百官朝服——以冠统服，文武有别

朝服是君臣议政时穿着的服装，受到汉代“以冠统服”文化的影响，魏晋南北朝时期各阶层朝服的身衣和足服没有显著区别，主要通过头上佩戴的冠和腰间悬挂的绶玉来区分身份。所以各类朝服都是用其所搭配的冠来命名的，皇帝的朝服为通天冠服，太子、诸王的朝服为远游冠服，文官的朝服为进贤冠服，武官的朝服为武冠服等。

（一）文官首服——戴进贤冠，配长耳帻

《晋书·舆服志》记载：“进贤冠，古缁布遗象也，斯盖文儒者之服。前高七寸，后高三寸，长八寸，有五梁、三梁、二梁、一梁。”

进贤冠多以黑布制成，因为冠上有梁，所以也称“梁冠”。进贤冠冠体由铁骨作为支撑，总体呈现前高后低的锐角形状。有些进贤冠是由黑纱布制成的，透过纱布可以看到冠下戴长耳黑介帻。

此时，文官皆戴进贤冠，可以根据冠上梁的数目多少来判断官位高低。根据《晋书·舆服志》记载：“人主元服，始加缁布，则冠五梁进贤。三公及封郡公、县公、郡侯、县侯、乡亭侯，则冠三梁。卿、大夫、八座尚书、关中内侯、二千石及千石以上，则冠两梁。中书郎、秘书丞郎、著作郎、尚书丞郎、太子洗马舍人、六百石以下至于令史、门郎、小史，并冠一梁。”魏晋时期的进贤冠是卷棚顶的，到隋唐时期演化为球形冠顶，到宋代变为方形。

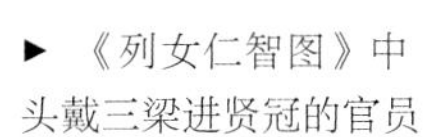

► 《列女仁智图》中头戴三梁进贤冠的官员

◄ 山西大同北魏司马金龙墓漆画中头戴二梁进贤冠的官员

戴进贤冠穿绛纱袍的官员

文官所戴的进贤冠应搭配长耳帻。帻的颜题围绕到脑后汇合，形成的两个尖角称作“耳”。长耳黑介帻是指由黑布制成的、“耳”竖起比较高的介帻。介帻后方和“屋”上均开孔，通过插入簪导来固定。

（二）武官首服——头戴武冠，配平上帻

《晋书·舆服志》记载：“天子元服亦先加大冠，左右侍臣及诸将军武官通服之。侍中、常侍则加金珰，附蝉为饰，插以貂毛，黄金为竿，侍中插左，常侍插右。”

武冠又名武弁（biàn）、大冠、繁冠、建冠、惠文冠、笼冠等，魏晋时多为侍臣、朝散、都尉等武将的首服。武冠的形状像一个笼子，由黑色穗布制作而成，冠下有缨，用于系住固定。由于穗布是一种稀疏轻透的面料，所以透过穗布可以看到冠下戴的平上帻。武冠也有用漆纱制成的，由于漆纱比较硬挺，所以佩戴者可以不系缨。

武冠冠前装饰有蝉形的牌饰，被称作金蝉，取蝉“居高饮清，口在掖下”（《晋书·舆服志》）这一特点，督促官员应该廉洁公正、清虚自牧，有文而不自耀，有武而不示人。冠上插有貂尾用作簪导，取貂“内劲悍而外柔缛”（《晋书·舆服志》）这一特点，鼓励官员严于律己、宽以待人。

前饰金铛、旁插貂尾的武冠相对比较高级，也称“貂蝉冠”，只有皇帝身边的近臣才有资格戴。西晋司马伦篡位后越级提拔同谋者，一时之间朝堂上冠饰貂蝉的官员数量急剧增加。因为寻不到那么多貂尾，索性用狗尾代替，这便是“狗尾续貂”这一典故的由来。

▲　《历代帝王图》中头戴武冠和平上帻的官员

▲　山西太原北齐娄睿墓壁画中头戴貂蝉冠的官员描摹图

▲　武冠

戴武冠穿绛纱袍的官员

武冠冠下戴的平上帻是一种没有“屋”的帻，顶部有一个带状横条以固定帻的外形。魏晋南北朝时期的平上帻到了唐代变为平巾帻，不仅可以由武官佩戴，也可作为皇帝常服和普通人在正式场合的首服，例如北宋欧阳修、宋祁、范镇、吕夏卿等人合撰的《新唐书》中就有记载管理膳食的官员在重要场合戴绿色的平上帻。

▲ 平上帻

（三）其他首服——高山冠高，法冠方正

1. 高山冠

《后汉书·舆服志》记载：“（高山冠）制如通天，顶不邪却，直竖，无山述、展筒，中外官、谒者、仆射所服。”

高山冠是中外官、谒者、仆射等官员的朝服冠，形制与通天冠相似，但是没有冠前的金博山和侧面透空的展筒。《晋书·舆服志》记载，“《傅子》曰：‘魏明帝以其制似通天、远游，故改令卑下’”，即魏明帝因觉得高山冠与通天冠、远游冠过于类似而下令改制，令冠体高度降低。

《隋书·礼仪志》记载，“高山冠，一名侧注，高九寸，铁为卷梁……高山者，取其矜庄宾远”。又根据《隋书·礼仪志》记载，高山冠高度与通天冠一样都是九寸，说明魏明帝改制并没有对后世产生影响。

► 高山冠（根据宋代聂崇义著《三礼图》绘制）

2. 法冠

《后汉书·舆服志》记载：“法冠，一曰柱后。高五寸，以纚（lí）为展筒，铁柱卷，执法者服之，侍御史、廷尉正监平也。或谓之獬豸（xiè zhì）冠。獬豸神羊，能别曲直，楚王尝获之，故以为冠。”

自战国起，法冠便是朝廷执法者的专用朝服冠。法冠又称獬豸冠，獬豸是一种神兽，因额上有一角，也被称为“一角之羊”。传说獬豸可以明辨是非，“中国司法始祖”皋陶曾用它来断案，若獬豸用独角触碰嫌犯，则说明嫌犯有罪；若獬豸不用独角触碰，则说明嫌犯无罪。

关于法冠的形制有两种说法，一说冠模拟獬豸的形象，冠前有一角状装饰模拟獬豸的独角，河南洛阳汉墓出土画像砖上有与文字记载法冠形制相近的冠式，但无法判断是否为法冠；另一说法是法冠是由獬豸独角制作而成的，其形制与獬豸形象无关，如《三礼图》中绘制的法冠便整体方正，冠前平整。

▶ 法冠（根据宋代聂崇义著《三礼图》绘制）

3. 却非冠

《后汉书·舆服志》记载:“却非冠，制似长冠，下促。宫殿门吏仆射冠之。负赤幡，青翅燕尾，诸仆射幡皆如之。”

却非冠形制与汉代流行的长冠颇为相似，冠体下部狭小。长冠高七寸，宽三寸，却非冠大小应也如此。

▶ 却非冠（根据宋代聂崇义著《三礼图》绘制）

（四）五时朝服——因时易色，因势定色

《晋书·舆服志》记载：“汉制，一岁五郊，天子与执事者所服各如方色，百官不执事者服常服绛衣以从……魏已来，名为五时朝服，又有四时朝服，又有朝服。自皇太子以下随官受给。百官虽服五时朝服，据今止给四时朝服，阙秋服。三年一易。”

魏晋南北朝时期的朝服由绛纱袍、单衣和皂缘中衣组成，其中绛纱袍是对汉代传统的沿袭，所以颜色固定，但是单衣不只有白色，还有绛色、黄绯色、青绯色、皂绯色四种颜色。黄绯色是带一点红的黄色，青绯色和皂绯色同理。皇帝百官在立春、立夏、大暑、立秋和立冬这五个节气分别穿青绯色、绛色、黄绯色、白色和皂绯色的单衣，与五色单衣搭配的朝服被称作“五时朝服”。

至于为什么大多数时间都穿白色单衣，那是因为不同朝代都有各自的“幸运色”：例如秦朝属“水德”，尚黑；汉代属“土德”，尚黄；晋代属“金德”，尚白；北魏属“水德”，尚黑；北周属“木德”，尚青，等等。综合来讲，魏晋南北朝时期服饰颜色的一大特色就是尚白，不仅有白色单衣，还有白色婚服。

百官除单衣、中衣、裤、袜、舄、大带等需要自备外，五时朝服、绛纱袍等朝服皆由朝廷发放。

▸ 五时朝服

三、朝服配饰——腰别笏板，耳簪白笔

官员上朝除了绶带、玉石等配饰，还要携带笏（hù）板、白笔、紫荷等实用配件。

（一）笏板

笏板是用来记事的板，多由竹、木制成，也有用玉、象牙、犀角制作而成的，既有实用性，又有装饰性。《晋书·舆服志》有记载："笏，古者贵贱皆执笏，其有事则搢（jìn）之于腰带，所谓搢绅之士者，搢笏而垂绅带也。"此处的贵贱特指官员，"有事"指在比较严肃的场合，即文武百官上朝都要执笏，无事可记的时候就插在腰间的大带里，这个动作被称为"搢绅"。由于古代可以执笏板的都是略有身份的官员，所以后来人们用“搢绅”指代有官职或做过官的人。

早期笏板多上下同宽，呈长方形。后来开始使用象牙做笏板，由于受到象牙本身形状的限制，象牙笏板一般呈现上窄下宽、微微弯曲的形状。

▲ 手执笏板的北齐陶丫髻女立俑线描图

▲ 《步辇图》中手持笏板的官员

（二）白笔

白笔是汉代簪笔发展到魏晋的产物，与笏板配套使用，用来记事。为取用方便，一般插于耳侧，随用随取，也有放到紫荷中存放的，后来由实用品变为装饰品，只留末端笔毫，插于冠上，垂于额前。宋代，白笔改名为“立笔”，制作更加烦琐，以竹为笔杆，外裹绯罗，以黄丝为毫，拓以银缕叶，插入冠后，文武百官皆簪之。

▲ 耳侧插白笔的官员

（三）紫荷

紫荷是一种紫色的夹囊，用于盛奏章及书写用具，只有尚书、仆射等高级官员才能使用。《晋书 · 舆服志》记载：“八坐尚书荷紫，以生紫为袷囊，缀之服外，加于左肩。”但从当时的画像来看，官员们佩戴锦囊、荷包的流行方式是悬挂在腰间或肘后，这与《晋书·舆服志》所记载的“加于左肩”不符。根据宋代江苏巡抚姚宽的考证，紫荷之“荷（《花溪丛语》）”乃是负荷之“荷”，“荷”符合“负荷”这一词义的现代解释为“背、扛、挑”，例如“带月荷锄归”，所以笔者推测紫荷的佩戴方式类似今天的单肩包，挂在肩膀上而非腰间。

▲ 肩背紫荷的官员

（四）关于紫荷挂肩方式的推测

说到挂在肩膀上，问题又出现了，是斜挎还是直挎？笔者以为均有可能，且都能找出一定的理由。若说是斜挎，从服饰的实用角度上来说是合理的。咱们老祖宗有智慧，穿拖地长裙怕摔倒，便搭配能挂住裙摆的高头大履；穿紧身带裆裤活动受限，便做开裆裤（后文详加描述）；斜挎比直挎更容易固定，不必担心从肩膀上溜下来。若说是直挎，从服饰文化的角度上讲也是有理可说的。我国自古便有“以服识人”的传统，服装不仅可以彰显身份，还对穿着者起到约束作用。例如皇帝冕冠上的冕旒可以用于端正仪态，步伐稍微凌乱，冕旒便会左摇右晃甚至“打脸”；贵妇佩戴步摇时，必须莲步轻移、端庄稳重，步摇才不至于东倒西歪；直挎紫荷虽然有滑落的风险，但可用于约束官员的仪态，要求其上朝时昂首挺胸、不能乱动。

四、百官上朝——脱舄上殿，赤脚面圣

《晋书·舆服志》记载：“预上宫正会则于殿下脱剑舄。”

我国古代有“解袜就席”之礼，即臣子见君主必须解袜脱鞋，否则就是不敬。春秋末年鲁国人左丘明撰《左传·哀公二十五年》记载，卫出公组织宴会与士大夫饮酒，一个人穿着袜子上席，卫出公气得要剁他的脚；西晋陈寿撰《三国志·魏志》记载，曹操明令上朝入殿、祭祀先祖、拜谒长官等严肃场合必须脱鞋；唐李延寿撰《南史·徐孝嗣传》记载，徐孝嗣因为上殿没有脱鞋而被御史参奏，罚金二两。

所以说，魏晋南北朝时期，百官上朝是要脱鞋的。想一想，威严华丽的大殿上，文武百官头戴官帽，身披朝服，但是光着脚，是不是还挺有趣的？好在袍服比较长，足够遮住脚，否则皇帝低头一看，便是齐刷刷、一排排的白脚丫子。

场景三　皇帝在后宫休憩娱乐

皇帝结束朝会后，在内侍的接引下回到后宫。终于可以脱去沉重的通天冠、繁复的朝服和硌脚的木舄，戴上面料柔软、贴合头型的菱角巾，换上直领对襟皂缘黄袍和葛屦，惬意地坐在壶门榻上，怀中搂着玉如意，享受着片刻的宁静。

一、菱角巾——形似菱角，无须系扎

（一）以巾代冠

皇帝在非正式场合穿着常服，虽然常服相比于冕服和朝服等更加随意，但对于皇帝而言，即使在后宫、园林这种非正式场合的穿着也必须讲究，所以皇帝的常服往往约等于官员的礼服。

魏晋时期的皇帝常服有两大特点，一是以巾代冠，二是以屦代舄。我国自古以来便有“士冠庶巾”的传统，即士族男性戴冠，庶民百姓戴巾。但由于魏晋南北朝时期政局动荡，当时很多士人以巾代冠以表达对皇族的蔑视，这一风气逐渐流行到宫内，很多贵族男性也开始戴巾，并认为这样是非常潇洒的。

（二）菱角巾

唐代冯贽撰写的《云仙杂记 · 菱角巾》记载：“王邻，隐西山，顶菱角巾。又尝就人买菱，脱顶巾贮之。尝未遇而叹曰：‘此巾名实相副矣。’”

魏晋南北朝时期的巾，大抵可分为两种：一种是临时扎系在头部的头巾，形状不大固定，相传诸葛亮与司马懿交战时不穿甲胄，仅以纶巾束首，此处所说的纶巾便是第一类头巾的代表；另一种是事先折叠成形的头巾，形状相对固定，需要用时不是“扎”在头上而是“戴”在头上，无须临时系扎，当时流行的菱角巾便是第二类头巾的代表，已经很接近于帽了。

菱角巾因其形状而得名。菱角是一种中间粗、两边细且翘起的植物，可以食用，南北方都有种植，但因南方栽培的比较多，所以可以猜测菱角巾是从南方兴起的。

《历代帝王图》中陈废帝和陈文帝头上所戴的便是菱角巾，都是白色的，大致形状一致，但是构成菱角巾的主体存在差异。陈废帝所戴菱角巾的主体是由桃叶形布片上下堆叠而成的，陈文帝所戴菱角巾的主体是由斜长布片左右拼缝而成的。

◂ 头戴菱角巾的男子

◂ ①《历代帝王图》中陈废帝戴的菱角巾

◂ ②《历代帝王图》中陈文帝戴的菱角巾

二、皂缘黄袍——直裾宽袖，直领敞怀

《释名·释衣服》记载：“袍，丈夫著下至跗者也。袍，苞也，苞，内衣也。”

（一）袍服款式

袍服男女皆可穿，一开始是作为里衣，不可外穿。然而东汉以来，上下一体的深衣因为活动不方便逐渐失去市场，人们开始尝试用袍服做外衣。到了魏晋南北朝时期，袍服已经成为男性的主要外衣之一了。

魏晋南北朝时期的袍服款式主要有袿袍、襕袍、复袍三种。袿袍是一种缀有袿饰的长袍，流行于汉魏时期，主要由女性穿着；襕袍是一种圆领窄袖、衣摆有横襕的过膝长袍，出现于北周，流行于隋唐；复袍是由多层布帛制作而成的袍。

（二）袍服形制

魏晋南北朝时期，袍服的形制非常多样，在领型上就有交领、圆领、直领、斜领、曲领等。其中交领袍需要左右衣襟交叉叠压，一般为右衽，即右衣襟在上，左衣襟在下，主要流行于先秦，魏晋南北朝时期见得比较少；圆领袍的领子贴合脖子，汉魏以前多为北方少数民族穿着，北朝时男女皆可穿，在隋代更成为官服；直领袍和斜领袍与交领袍类似，仅是衣襟交汇点有区别，直领袍的左右衣襟略有交叠，交叠点靠下，近乎于左右襟对齐，斜领袍的左右衣襟交叠点相对于交领袍靠下，比直领袍靠上；曲领袍的领子比较宽大，一般连缀在襦袍上，是魏晋南北朝时期士庶男女居家常穿的外衣。

◄ 北朝圆领绮袍形制图（根据中国丝绸博物馆馆藏文物绘制）

（三）袍服颜色

据史料来看，魏晋南北朝时期的袍服颜色主要有绯、黄、紫和白四种。绯色即红色，绯袍即红色的袍服，《中华古今注》记载北齐时期“天子多着绯袍，百官士庶同服”，这说明上到天子王公，下到黎民百姓，都可以穿绯袍；黄色在唐朝以前并不是皇帝的专属颜色，黄袍同样是百官士庶均可穿着的；紫袍是北朝官员的常服，唐令狐德棻等撰写的《周书·李迁哲传》记载太祖皇帝“服紫袍、玉带”；白袍主要用作军装，南朝姚察撰写的《梁书·陈庆之列传》记载：“（陈）庆之麾下悉著白袍”。

袍服的领端、袖端都有缘饰，多为皂色，材质为比较厚实、耐用的面料。

（四）直领对襟皂缘黄袍

《历代帝王图》中陈文帝所穿外衣便是直领皂缘黄袍，两边不开衩，中间不系带，敞怀穿着。

◄ 《历代帝王图》中身穿直领对襟皂缘黄袍的陈文帝

三、葛屦——葛绳编织，夏季穿着

（一）屦

▲ 明王圻、王思义《三才图会》中的屦

《释名·释衣服》记载："屦，拘也，所以拘足也。"

屦是一种鞋子，《周礼》中记载的屦共有五种，分别为素屦、葛屦、命屦、功屦和散屦。

素屦是用白色面料制成且没有其他装饰的单底鞋，是父母丧期满两周年时穿的礼鞋，为王及王后所用。笔者老家山东农村还有家中有人去世，亲属在鞋面上缝白坯布的传统，这或许是素屦的遗风也未可知。

葛屦是利用葛丝或葛绳编织而成的鞋子，因为质地稀疏、便于散热，所以多在夏季穿着。除了葛，麻、藤、草等植物也可以用于做屦，但是档次较低，多由平民百姓穿着，其中草鞋是最廉价的，因为廉价，所以人人都有，不需要借来借去，所以又名"不借"。

命屦是一种做工非常精细的屦，多为黄色或浅红色，是皇帝对命夫和命妇的赏赐品。

功屦地位仅次于命屦，颜色多为白色或黑色，是皇帝对孤卿大夫和九嫔内子的赏赐品。

散屦没有装饰，与素屦用途一致，但等级较低，为臣下所用。

魏晋南北朝时期，葛屦和皮屦（用皮制作的常鞋）是最常见的屦，其中葛屦夏天穿，皮屦冬天穿。

（二）屦和履的关系

屦和履都是常用的休闲鞋，关于屦和履的关系有两种说法，一是二者的区别在于材质，即屦由葛、麻、藤、草等植物编制而成，履是由丝、麻等材料制成；二是屦和履意义相同，只是在不同历史阶段的使用频率不同。笔者比较赞同第二种观点，因为时期不同的两部经典中，《仪礼 · 士冠礼》有“皮屦”，《礼记 · 少仪》中有“丝屦”，这说明屦和履的材质并没有非常严格的区分。

四、玉如意——功能多样，送礼佳品

《晋书 · 石崇传》记载：“武帝每助恺，尝以珊瑚树赐之，高二尺许，枝柯扶疏，世所罕比。恺以示（石）崇，崇便以铁如意击之，应手而碎。”

如意又称爪杖、搔杖、握君、谈柄，是古代的一种“痒痒挠”，因为一般被设计成带有一定弧度的弯曲形状，且顶部雕成云朵、灵芝等造型，有吉祥如意的寓意，所以逐渐被叫作“如意”。魏晋南北朝时期，如意作为一种兼具实用性和装饰性的器具，在士人阶层非常流行。

魏晋名士好清谈，常随身携带如意，既为挠痒，又可以于谈至兴处时指点江山。唐孙位《高逸图》中王戎所执长物便是如意，该如意与我们如今常见的玉如意不太像，是比较原始的形状，顶端被做成五指聚拢的形状，正合如意的挠痒属性。

魏晋南北朝时期，制作如意的材料主要有金属、宝玉石、竹木和兽角四种，各有史料佐证：如《晋书 · 石崇传》记载“（石崇）以铁如意击之”，晋王嘉撰写的《拾遗记 · 卷八》记载“（孙）和于月下舞水晶如意”，《南史 · 韦睿传》记载“（韦睿）执竹如意以麾进止”“执白角如意麾军”，等等。

▲《高逸图》中手执如意的王戎

▲《历代帝王图》中的玉如意

▲ 黄杨木嵌紫檀如意描摹图

除挠痒和装饰外，如意还能作为兵器和珍贵礼物，例如《南史 · 垣荣祖传》记载齐高帝制作铁如意放在身边，时刻防备小人谋害；唐许嵩撰《建康实录》记载："时苻丕为慕容垂所逼，自邺遣参军焦远进谢玄青铜镜、黄金椀、宛转绳床、玉如意，请救。"

头戴菱角巾，身穿对襟皂缘黄袍，手持如意的皇帝

场景四 秋季贵族男性在园林打猎

秋收之后，贵族男子结伴来到郊外打猎，此时正是“鹰豪鲁草白，狐兔多肥鲜”（唐 李白《秋猎孟诸夜归，置酒单父东楼观妓》）的时节，众人纷纷张弓出箭，收获颇丰。一人身份比较尊贵，站在一边远远看着。他头戴皮弁，身穿皂缘绛纱狐尾单衣，脚穿高头履，身后站着两名朱衣小吏，一小吏抱着袍尾，一小吏打五明伞。其他人则穿得不是很讲究，一人头扎丝绵方巾，上身穿素绢套头袍和卷藤花树纹罽（jì）窄袖长袍，左臂上系有长方形刺绣护膊，下身穿绛紫色菱格花卉纹刺绣深裆绢裤，腰间系着帛鱼，脚穿贴金绢袜和系带小履，手舞长刀，英姿飒爽；一人头扎紫巾，上身穿对襟喇叭袖绞缬绢衣，下身穿百褶灯笼裤，脚穿黑靴，跨在马上，拉弓射箭。

一、皮弁服——头戴皮弁，身穿单衣

（一）皮弁

东汉郑玄《仪礼注疏·士冠礼》记载：“皮弁者，以白鹿皮为冠，象上古也。”

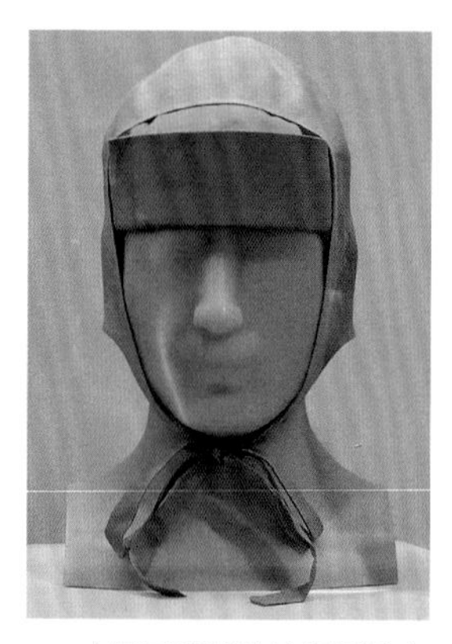

▲ 中国国家博物馆复原的弁

1. 弁

弁近似于搭耳帽，是武职人员的服饰。秦代士兵直接在头上戴弁，汉代一般先戴平上帻，然后戴弁。

2. 皮弁形制

皮弁原是古代贵族田猎、战伐时戴的冠，后来被用作礼冠，可在天子视朝、郊天、巡牲、行大射礼时穿戴，由鹿皮制成，制作方式与明清时期的瓜皮帽类似。先将鹿皮裁剪为多瓣，然后花纹朝外用针线缝合起来。缝合后的形状比较奇怪，《后汉书·舆服志》描述为“制如覆杯，前高广，后卑锐”，《释名·释首饰》描述为“如双手合十”“若倒扣耳杯”。

综上所说，皮弁是鹿皮缝合成的上尖下宽的椭圆形帽子。由于魏晋时期有“博衣小冠”的流行趋势，所以这一时期的皮弁应该比较小，需要利用簪导固定。

《历代帝王图》中的陈后主所戴的就是比较大的皮弁，戴时直接扣在头上，不需要簪导；北魏孝子石棺线刻上的人物所戴的皮弁比较小，需要簪导固定。

▲ ①《历代帝王图》中头戴华丽皮弁的陈废帝
▲ ②《历代帝王图》中头戴朴素皮弁的陈后主

▲ 北魏孝子石棺线刻头戴皮弁人物像

3.“象邸”和“会”

由于鹿皮比较软，由鹿皮缝合制成的皮弁往往比较软塌，很难维持形状，故一般在里面加象骨用于支撑，被称作“象邸”。

皮弁拼缝间有凸起，被称作“会”。有的皮弁比较华丽，“会”处缀有珍珠，根据“会”的数量和珍珠品质可以判断佩戴者的身份地位。

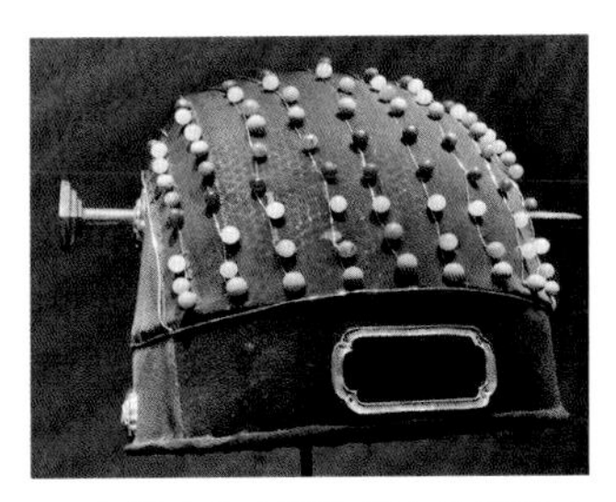

▲ 九缝皮弁（博物馆之约摄于山东省博物馆）

（二）狐尾单衣

狐尾单衣是一种前短后长的单衣，因后裾曳地，形如狐尾而得名。《后汉书·梁统列传》记载：“（梁）冀亦改易舆服之制，作平上軿（píng）车，埤（pí）帻，狭冠，折上巾，拥身扇，狐尾单衣。”李贤注：“后裾曳地，若狐尾也。”

《历代帝王图》中陈后主所穿的外衣便是皂缘绛纱狐尾单衣，直领斜襟，袖子宽大，袍内穿曲领中衣，袍外围黑色蔽膝，袍下搭配红底高头大履。相比其他种类单衣，陈后主所穿的皂缘绛纱单衣有两大特点：一是袖缘非常宽，约是领缘的二至三倍，而一般的单衣领缘和袖缘宽度相当；二是后裾非常长，可以曳地，所以需要专人在后面托起袍尾，才能保证穿着者正常行走。

▲《历代帝王图》中身穿狐尾单衣的陈后主

除《历代帝王图》外，敦煌莫高窟第288窟壁画中头戴笼冠的男性贵族外罩的宽袖曳地长袍也像是狐尾单衣，搭配同样是曲领上衣外罩狐尾单衣，腹前垂有蔽膝，脚穿笏头履；莫高窟第442窟壁画中贵妇所穿外衣也像狐尾单衣，这说明狐尾单衣不仅男性可穿，女性也可穿着。

► 甘肃敦煌莫高窟第288窟壁画中身穿狐尾单衣的男性贵族

头戴皮弁、身穿狐尾单衣的皇帝

二、五明扇——立张拥身，挡尘显威

西晋崔豹《古今注·舆服》记载：“五明扇，舜所作也。既受尧禅，广开视听，求贤人以自辅，故作五明扇焉。秦汉公卿、士大夫，皆得用之。魏晋非乘舆（皇帝）不得用。”

五明扇即平扇，是一种仪仗用扇，由障扇演变而来，不能开合折叠，形状保持平面不能变化，魏晋时期仅由皇帝使用。五明扇由动物羽毛制成，一般不作扇风用，多用于抵挡风尘和衬托使用者的威仪。《历代帝王图》中陈宣帝背后的扇即为五明扇，从图中可以看出，五明扇约一人高，是一种团扇，扇面中间和扇柄连接处有祥云装饰，扇边有一圈动物羽毛装饰。

▲《历代帝王图》中的五明扇

三、袍裤服——上着罽袍，下穿绢裤

袍裤服即上袍下裤，现藏于辽宁旅顺博物馆的新疆“营盘男尸”便是上着罽袍、下穿绢裤的打扮，除罽袍和绢裤外，男尸头戴丝绵方巾，臂系长方形刺绣护膊，脚穿贴金绢袜，腰佩红色团状帛鱼。

（一）丝绵方巾

西晋史学家陈寿著《三国志·魏志》中有“敛以时服”的记载，裴松之注引晋傅玄《傅子》中言：“汉末王公，多委王服，以幅巾为雅。是以袁绍、崔钧之徒，虽为将帅，皆著缣（jiān）巾。”丝绵方巾即利用丝绵制作而成的方形巾子，因为长宽与布幅（布幅是指织物的纬向宽度，与织布机宽度相同）相同，所以也称幅巾，是魏晋南北朝时期男子常用的裹头巾。使用时用方巾包住发髻，在额前或颅后打结固定。北朝后期，北周武帝将幅巾的四脚加长，成为幞头的雏形。

▲ 头戴丝绵方巾的男子

（二）素绢套头袍

1. 套头袍

套头袍是一种圆立领、套头穿着的袍服，由于这一时期的面料鲜有弹性，所以为了同时满足易穿和保暖两个要求，一般在右肩或左肩开缝与领口相通，侧缝处有用于打结的带子。

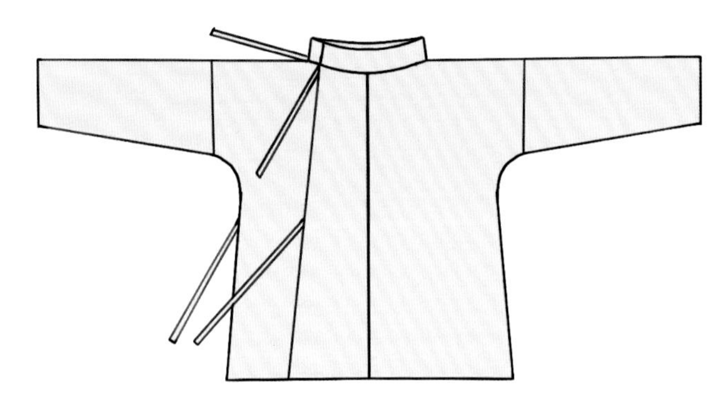

▲ 套头袍形制图（根据新疆营盘汉晋墓出土实物绘制）

2. 素绢套头袍

素绢套头袍是由素绢制成的套头袍。新疆营盘汉晋时期古墓出土男尸身穿一件淡黄色绢套头袍，身长约 120 厘米，通袖长 227 厘米，不仅领侧缝处开口系带，胯两侧还有开衩。袍子袖口、下摆缝有绛紫色绢夹层宽边，领口镶有一周长方形几何纹锦绦，锦绦两边各贴饰一排圆形金箔。胸前贴有一块长方形绢，绢上贴有绣两列贴金的弓形绢饰。

（三）卷藤花树纹罽窄袖长袍

1. 罽

东汉许慎撰《说文解字 · 系部》记载：“罽，西胡毳（cuì）布也。”段玉裁注：“毳者，兽细毛也。”

罽是一种由野兽细毛织成的面料，质地紧密，手感柔软，多用于制作暖帽、冬衣等，是一种比较高级的面料。汉高祖刘邦就曾经下令禁止商人穿着锦、绣、绮、縠（hú）、罽等高级衣料制作的衣服。

晋陆翔撰《邺中记》记载：“石虎御府罽，有鸡头文罽、鹿子罽、花罽。”魏晋南北朝时期贵族所用的罽都带有花纹，称作“花罽”。新疆民丰尼雅遗址出土了一批花罽实物，如人兽葡萄纹花罽、龟背四瓣花花罽等，可以帮助我们还原这类袍服。

2. 卷藤花树纹罽窄袖长袍

卷藤花树纹罽窄袖长袍是一种以罽为制作原料、花纹为卷藤花树纹、领口袖口都比较窄的长袍。交领的两襟大小基本相同，穿着时右襟稍掩左襟。袍长至膝，袍身合体，下摆不够宽大，为了活动方便在胯部两侧加缝梯形宽边并向下开衩。两袖下半截由几何纹锦拼接而成。

▲ 卷藤花树纹（根据新疆营盘汉晋墓出土实物绘制）

3. 人兽树纹罽外袍

营盘汉晋墓出土男尸身穿一件人兽树纹罽外袍，该袍服衣长 117 厘米，通袖长 193 厘米，腰围 92 厘米，是一种比较合身的袍服。人兽树纹罽外袍由四种面料制成，主面料为红地人兽纹罽，左襟下方接长三角形花树纹罽，两袖下半截由几何纹锦绦拼缝，袍子里衬使用淡黄色绢布。

▲ 人兽树纹（根据新疆营盘汉晋墓出土实物绘制）

▲ 窄袖长袍形制图（根据新疆营盘汉晋墓出土实物绘制）

头戴方巾、身穿袍裤的贵族男子

（四）长方形刺绣护膊

1. 护膊

清段玉裁注《说文解字 · 韦部》中有："射韝（gōu）者，《诗》之拾，《礼经》之遂，《内则》之捍也……凡因射箸左臂谓之射韝，非射而两臂皆箸之以便于事谓之韝。"

护膊也称护臂、射韝，是一种固定在手肘部位用于在骑射过程中保护胳膊的护具，类似于现代的护膝、护腕等。

我国古代的护膊大多是皮质的，因为皮革比较硬，可以起到比较好的缓冲、防护作用。除了保护作用，护膊还可以起到束袖和装饰的作用，所以后来逐渐出现了锦、帛等材质的护膊，且护膊上的图案越来越精致。新疆和田地区尼雅遗址中出土了两件护膊，均由锦料制成，四周镶绢缘，按照护膊上的图案分别被命名为"五星出东方利中国"锦护膊和"世毋极锦宜二亲传子孙"锦护膊。

护膊的形制多为长方形，两侧缝制 6 根绢带用于固定，绢带较长，推测佩戴时需要绕胳膊多圈再打结。

根据段玉裁的注释，护膊多被戴在左臂，也有两臂都戴的情况。

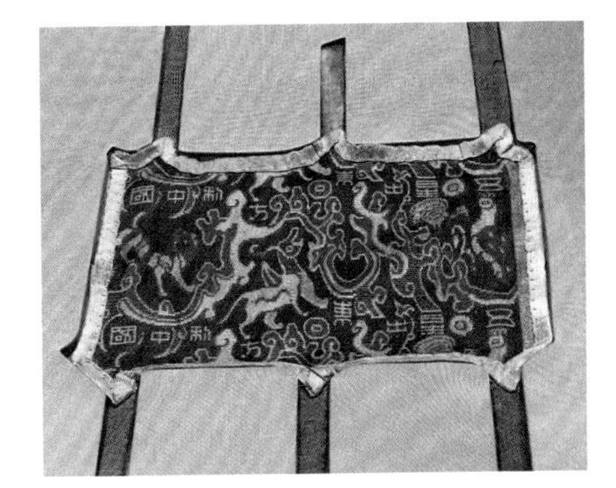

▶ "五星出东方利中国"锦护膊（博物馆之约摄于新疆维吾尔自治区博物馆）

2. 长方形刺绣护膊

营盘汉晋墓出土男尸的左手臂上即系着一块长方形刺绣护膊。护膊整体颜色比较深，绣有多种颜色的祥云图案。

▶ 左手臂的长方形云纹刺绣护膊

（五）绛紫色菱格花卉纹刺绣深裆绢裤

1. 深裆裤

深裆裤是一种裤裆很低的裤子，现代人穿深裆裤有一定的时尚因素影响，但古代人穿深裆裤应该仅为活动方便。

古代面料缺乏弹性，为了便于活动，人们穿裙、裳或肥大的裤子，但是肥大的裤子又会带来新的行动不便问题，尤其是对于劳动者和需要骑马、射箭、奔跑的人来说更为不便。观察现代裤子裁片就会发现，前上裆线和后上裆线是平滑的曲线，且曲率比较大，即使布料没有弹性，也不会限制动作，这是古代人民无法想象的操作。但是古人很聪明，他们通过下移落裆线的方式为臀胯部争取放量，方便穿着时能做出扭腰、下蹲等动作。

2. 绛紫色菱格花卉纹刺绣深裆绢裤

新疆营盘汉晋时期墓地出土了一件绛紫色菱格花卉纹刺绣深裆绢裤，该深裆裤裤管肥大且长至脚面，裤管单裁，横加裤腰，穿着时在裤腰上束带固定。

▲ 绛紫色菱格花卉纹描摹图（根据新疆营盘汉晋墓出土实物绘制）

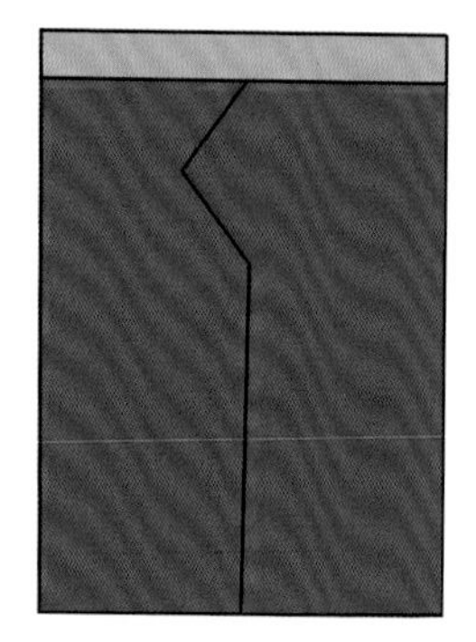

▲ 深裆绢裤形制图（根据新疆营盘汉晋墓出土实物绘制）

（六）贴金绢袜

1. 贴金

贴金是汉魏时期比较流行的一种印花工艺，其特点是利用特别薄的金箔作为装饰。首先将金块锤打成极薄的金箔，然后按照设计方案将金箔裁剪成所需形状，最后利用黏合剂将金箔粘在面料上。由于金箔非常轻，所以一般来说无法像刺绣一样做到定位准确，又因为金箔是粘在面料上的，所以很容易磨损、脱落。

常见的贴金图案为圆形、方形、三角形等几何图形，比较小的贴金图案多用于装饰领缘、袖缘，大一些的贴金图案多用于装饰下摆。除了直接将金箔裁剪成所需形状贴在面料上，还可以先将布片裁剪成固定的形状，然后将裁好的布片缝制在面料上，最后将金箔粘在布片上，由于布片相比于金箔质量更重、更好裁剪，所以这种方法做成的贴金图案更精致美观，可以做出月牙、花蕾等比较复杂的贴金花纹。

2. 贴金绢袜

营盘汉晋墓出土的贴金绢袜，袜筒长21厘米，袜底长26厘米，尖头、直筒、无根，袜底和袜腰之间仅有一条缝，后跟缝有两根带子，穿着时将袜带绕到脚踝处打结以固定。袜面和袜底有精美的贴金图案，彰显着墓主人高贵的身份和奢华的生活。

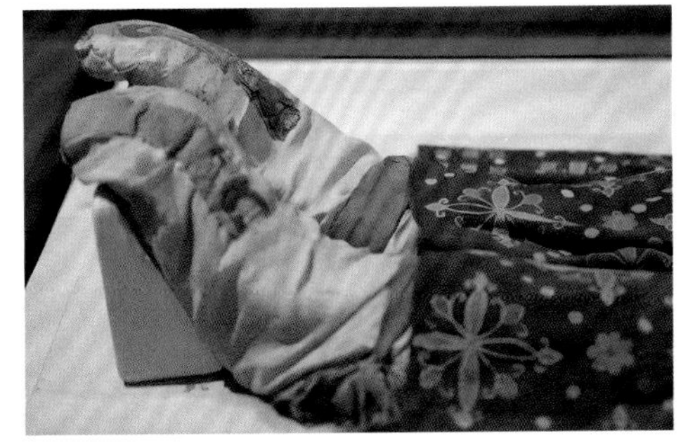

▲ 贴金绢袜（项木咄摄于新疆维吾尔自治区博物馆）

（七）系带丝履

系带丝履是一种在后跟处缝有系带的丝履，穿着时将系带绕到脚踝前打结，可以令丝履更加合脚。营盘汉晋墓出土了一双系带绞编丝履，该丝履圆头敞口，脚跟处有系带。

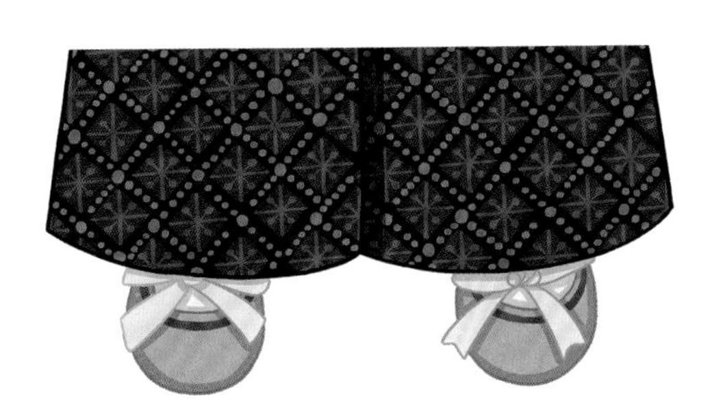

▲ 系带丝履穿着情况

▲ 新疆营盘汉晋墓出土的系带绞编丝履描摹图

（八）帛鱼

帛鱼是一种制作成鱼的形状、悬挂在腰间作为装饰的布艺品。我国古代将鱼看作美好富足的象征，因为“鱼”与“余”同音，在生产力低下的古代，平民百姓吃不饱、穿不暖是常态，“余”是古代劳动人民的朴素愿望，所以人们利用布帛制作成鱼形的装饰品，表达对“囊有余钱、仓有余米”的美好生活的向往。

针对帛鱼的由来有一种说法，汉晋时期中原地区流行在腰间系锦囊等装饰品，锦囊内会放鱼符（非唐代官员使用的鱼形符契），该习俗传入西域，就变成了在腰间系帛鱼。新疆营盘汉晋墓出土了一只帛鱼，主要由团状红色帛鱼主体、黄色装饰和黄色丝带三部分组成，利用缝线结合为一个整体。由锦囊装饰发展而来的帛鱼既可以作为装饰品，又可以用来盛放物品。

新疆和田地区的尼雅墓中也出土了精美的帛鱼，且其中一个帛鱼被放在女尸一侧，说明男女均可佩戴帛鱼。

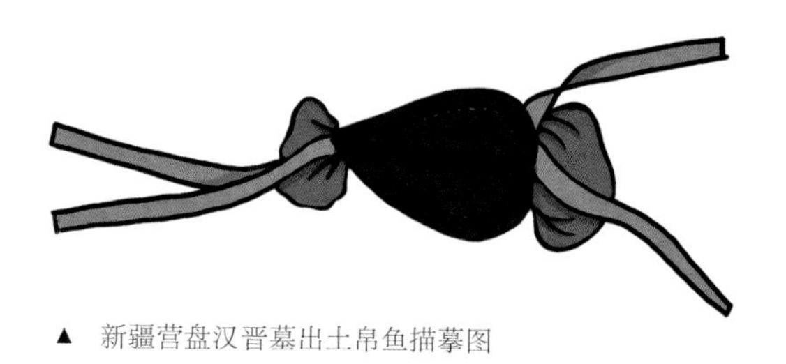

▲ 新疆营盘汉晋墓出土帛鱼描摹图

四、裤褶服——广袖上衣，阔口裤褶

（一）裤褶服

魏晋南北朝时期，汉族流行宽衣博带，北方游牧民族因生活习惯的不同，更青睐紧窄方便的裤褶服。裤褶服很早便传入汉族，最早可追溯至“好胡服”的赵武灵王，但在“裤不外露”的汉族礼制的影响下，一般只有士兵和劳动人民穿着。

魏晋南北朝作为一个少数民族与汉族融合和民族大解放的时期，让裤褶服迎来了它的高光时刻。自三国开始，就有贵族在骑马狩猎时穿裤褶服，这类裤褶服大多宽大飘逸，上身搭配广袖上衣，下身选择阔腿裤，且不缚裤。

（二）对襟喇叭袖绞缬绢衣

1. 褶衣

颜师古注西汉史游撰《急就篇》曰：“褶，谓重衣之最在上者也，其形若袍，短身而广袖。一曰左衽之袍也。”

褶衣是北方少数民族的服饰，魏晋南北朝时期传入中原，形制发生改变。一方面，汉人习惯右衽，所以汉地褶衣形制为交领右衽；另一方面，汉地气候更加湿润温暖，再加上当时人皆以侈袂（chǐ mèi，指广袖、大袖）为贵，所以汉人改小袖褶衣为广袖褶衣。

2. 北朝绞缬绢衣

新疆阿斯塔那 177 号墓出土了一件北朝绞缬绢衣，衣长 72 厘米，通袖长 192 厘米，袖口宽 44.5 厘米，袖子呈喇叭形，靠近腋下拼缝处横向打褶。基本呈对襟，穿着时左襟微微掩盖右襟，衣襟上有红、褐两组系带，用于系结。绢衣单层无衬里，袖缘内贴缝绢衬里。

▲ 褶衣形制图（根据新疆阿斯塔那 177 号墓出土实物绘制）

（三）百褶灯笼裤

灯笼裤是一种裤管中间部分肥大，两端略小，形似灯笼的裤子，扎紧的裤腿可以起到防止凉风灌入的作用，保暖性较好。百褶灯笼裤是一种褶比较细密的裤子。

新疆营盘汉晋墓出土了一件百褶灯笼毛裤，裤腿呈灯笼状，腰部和裤脚收口处都打了比较细的褶。该灯笼裤最有特点的地方是腰部穿有细带且裤脚收口，穿着时扎紧带子，既方便又保暖。

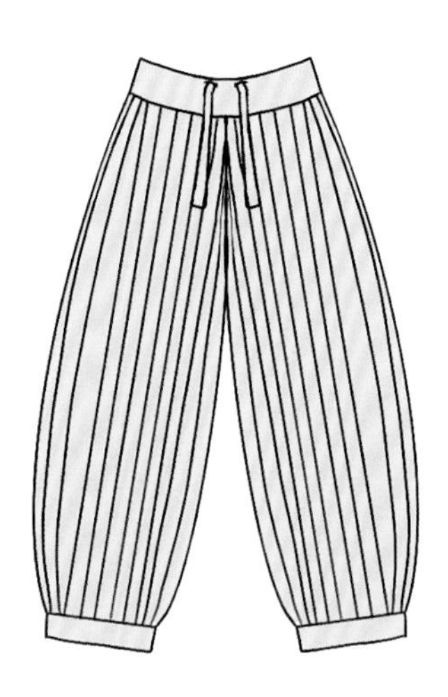

▲ 百褶灯笼裤（根据新疆营盘汉晋墓出土实物绘制）

身穿褶衣和灯笼裤的贵族男子

场景五　皇后携命妇参加桑蚕礼

季春之月，冬寒已去，万物抽芽，皇后率领内外命妇祭拜蚕神嫘祖并采桑喂蚕。皇后身穿上青下缥的深衣制袿襡（guī shǔ）大衣，大衣外套荷叶边绣裾（jué，短袖的上衣），腰间围有纤髾（shāo）装饰的蔽膝，脚穿笏头履。内命妇皆头梳大手髻，戴黄花金钿和步摇。外命妇则头戴绀缯帼（gàn zēng guó），竖插发钗以固定巾帼，身穿袿衣，袿衣外套浅绛色短纱衣，纱衣外系宽博的束腰以使腰肢更显纤细，脚穿圆头履。内外命妇皆佩戴与身份相对应的美玉、绶带等装饰。头戴武冠、身着袍服的女尚书在一旁陪侍。

一、大手髻——配合假髻，形若十字

（一）大手髻形制

《晋书·五行志》记载："（晋）太元中，公主妇女必缓鬓倾髻，以为盛饰。用髲（bì）既多，不可恒戴，乃先于木及笼上装之，名曰假髻，或名假头。"

大手髻也称"大首髻"，最突出的特点就是"大"，大到"一个髻三个头"的程度。然而谁也没有那么多头发，所以妇女在梳这种发型时需要借助假髻。

▲ 大首髻女俑（南陌摄于西安博物院）

从正面看，梳着大手髻的妇女整个头型呈方形，皇后、嫔妃、未嫁的公主等内命妇梳着大手髻参加亲蚕礼，显得十分肃穆郑重。

（二）大手髻梳法

大手髻形似“十”字，是由“撷（xié）子髻”演化而来的。撷子髻是一种“以缯急束其环”的发型，即妇女先在头顶盘一个大的发髻，然后从大发髻中抽出两股头发，将抽出的发梢系在中间，形成两个对称的发环，用布条扎紧固定。

相比于撷子髻，大手髻因为使用了假发而发量更多、形状更夸张，且头发并不全部是梳上去的，而是垂下来一部分遮住两腮。

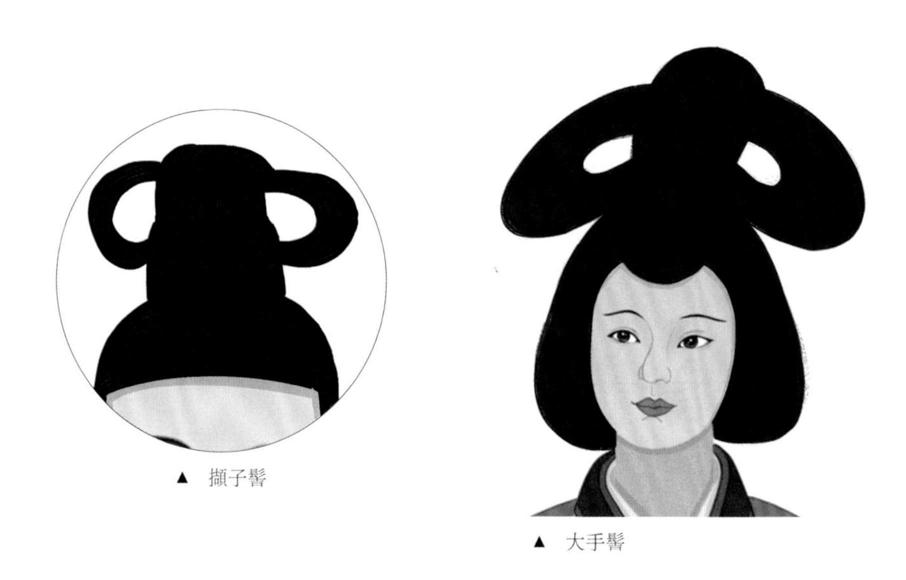

▲ 撷子髻

▲ 大手髻

二、绀缯帼——头戴巾帼，簪钗固定

《晋书·舆服志》记载：“（外命妇）绀缯帼，黄金龙首衔白珠，鱼须擿（zhì，簪子），长一尺为簪珥。入庙佐祭者皂绢上下，助蚕者缥绢上下。皆深衣制缘。”

（一）绀缯帼形制

绀缯帼也称巾帼，是一种扇形的发型或头饰。“绀”表颜色，意为稍微带点红的黑色，也被称为深青赤色；“缯”表材料，意为帛，是一种丝织品；“帼”表形状，意为覆盖所有头发的发型。总结来说，绀缯帼是一种由深青赤色丝织品制成的头巾，为了使最终佩戴效果为扇形，往往用竹片作为支撑用的笼骨。

（二）绀缯帼佩戴方式

南朝宋范晔《后汉书·舆服志》中记载了帼的佩戴方式，即“剪牦帼，簪珥”“左右一横簪之，以安帼结”。据此推测，绀缯帼的使用方法如下：妇女将头发全部盘至头顶，然后套上绀缯帼，左右各用一根簪子插在绀缯帼和头部的交界处，再在绀缯帼的顶部竖插多根发钗，既是装饰，又为固定。

关于绀缯帼是像帽子一样扣在头上还是像头巾一样围在头上的问题，可以从江苏南京石子岗出土的东晋女俑和南京雨花台铁心桥小村出土的南朝女俑等实物中获得答案。这些女俑头部的绀缯帼都有一道比较明显的斜痕，应该是为了模拟头巾折叠的样子而设计的，所以绀缯帼可能是内部缝有竹片笼骨的头巾。使用时，妇女先按照笼骨位置将绀缯帼贴在头发上，然后缠绕头巾做第一轮固定，最后在绀缯帼的左右、顶部直插簪钗固定。

▲ 戴绀缯帼的女俑线描图

▲ 河南打虎亭汉墓壁画中戴绀缯帼的女子描摹图

▲ 插簪固定绀缯帼的方式

（三）鱼须擿

与绀缯帼相配的簪珥为鱼须擿，约 20 厘米长，簪头是黄金龙头、口衔白珠的图案，由鱼须制成。鱼须为何物？虽然听起来比较陌生，但实则是古代常用的饰品原料，如《礼记 · 玉藻》记载“大夫以鱼须文竹”，根据孔颖达的注释，鱼须取自鲛鱼，《说文解字 · 鱼部》称：“鲛，海鱼也。皮可饰刀。”因为鲛鱼的鱼皮上有花纹，可以作装饰用。而根据段玉裁的注释，鲛鱼也叫“沙鱼”，也就是今天的鲨鱼，据此推测，鱼须很有可能就是鲨鱼鼻前的横骨，也称“鱼班”。

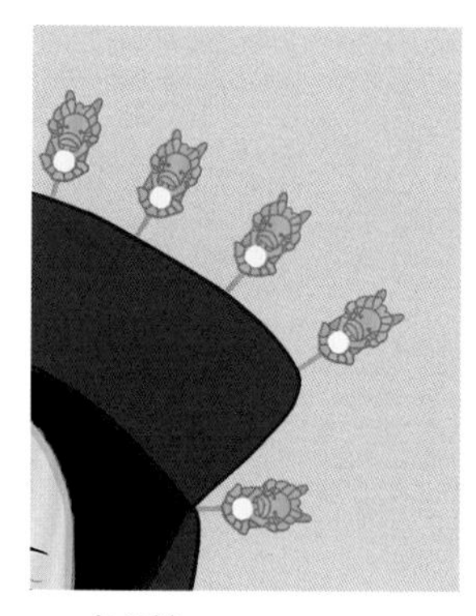

▲ 鱼须擿

三、莲花冠——状若莲花，博髻掩鬓

（一）莲花冠

北魏时期的石刻浮雕《帝后礼佛图》中皇后头上戴着莲花一样的头冠，与后世莲花冠比较类似，所以笔者暂时将其称为“莲花冠”。莲花冠外形像一朵盛开的莲花，是佛教影响下的产物，在唐朝比较流行，后来成为道门三冠之一。

▶《帝后礼佛图》中头戴莲花冠的皇后

（二）博鬓

《三才图会》记载：“两博鬓即今之掩鬓。”

博鬓是在礼冠两边对称使用的叶状宝钿首饰，唐代以后比较流行，宋朝及以后命妇礼冠都会搭配两枚博鬓。清张廷玉《明史 · 舆服志》记载：“洪武元年定，命妇一品，冠花钗九树。两博鬓，九钿。服用翟衣，绣翟九重。”

北齐娄睿墓出土了一片非常精致的嵌珠博鬓，现藏于山西博物院。该博鬓整体框架由黄金制成，设计成“众叶捧花”的形状，黄金框架上镶嵌着各色珍珠，华丽而精致。

▲ 《南宋高宗后坐像》中的博鬓

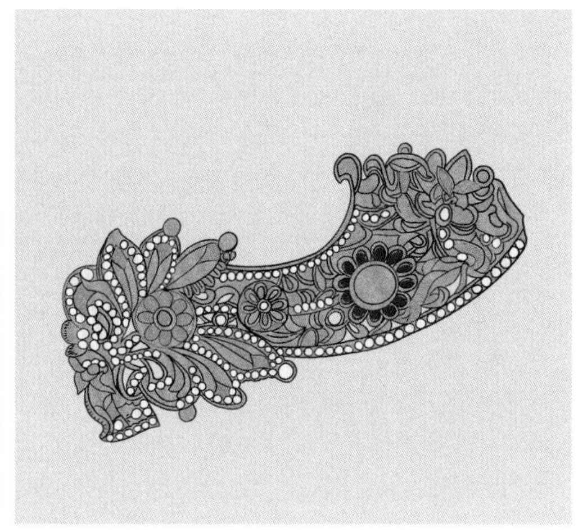

▲ 山西太原北齐娄睿墓出土的嵌珠博鬓描摹图

四、首饰——黄金花钿，爵兽步摇

内外命妇的主要首饰为钿和步摇，钿即金花，步摇是上有垂珠、一步一摇的首饰。这些首饰是魏晋时期区别妇女身份的重要物件，一般来说，头戴金花数量越多地位越高，且当时步摇按礼制只能由皇后和长公主在重大场合搭配礼服佩戴，后来使用范围逐渐扩大至贵族妇女。

（一）黄金花钿

1. 钿

《说文解字 · 金部》记载：“钿，金华也。”

钿是一种金制的片状装饰物，多做成近圆形，取富贵荣华之意。常见的钿有翠钿、宝钿、花钿等，翠钿即用翠鸟羽毛装饰的钿，宝钿即以宝石作为装饰的钿，花钿即用嵌金花制成的钿。

▲ 江苏南京东晋墓出土的有脚花钿描摹图

▲ 台北历史博物馆藏金镶宝石花钿描摹图

▲ 广州博物院藏对鸟蟾蜍透雕金饰片描摹图

2. 黄金花钿

黄金花钿即由黄金制成的花朵形状饰品，根据出土文物来看，魏晋时期命妇所戴的黄金花钿多为六瓣，花心及花瓣上都雕刻有纹路作为装饰，金花底部或有一枚花茎形状的金棍，佩戴时将金棍插入发中，从正面看只见金花，不见金棍，如落英缤纷。

不同等级命妇佩戴不同数量的黄金花钿，根据《晋书》等文献资料推测，内外命妇佩戴黄金花钿数量的礼仪规定如下：皇后十二钿，长公主、贵人、贵嫔七钿，淑妃、淑媛、淑仪、修华、修容、修仪、婕妤、容华、充华、公主、夫人五钿，世妇三钿。

3. 关于黄金花钿排列方式的猜测

这么多花钿要插在头上，应该如何摆放呢？一般来说，礼仪场合的服饰都是有严格规定的，所以推测花钿排布并非随意安排。2013 年，考古专家在扬州曹庄发现了隋炀帝皇后萧皇后的墓，墓中出土了一顶凤冠，经过两年多的修复，该凤冠最终得以完整地展现在世人眼前。巧合的是，萧皇后凤冠额前恰好有十二朵黄金花钿装饰，与《晋书》中描述的“皇后十二钿”对上了。

前文说过，隋炀帝有很深的晋朝情结，黄金花钿的排列方式未必不会沿袭晋制。所以笔者在此大胆推测，萧皇后所佩戴的十二枚黄金花钿是按照“3+4+5”的方式排列的，即共三排，最上一排有三个，中间一排有四个，最下一排有五个。按照这一规律来看，长公主等人所佩戴的七枚黄金花钿可能按照“3+4”的方式排列，淑妃等人所佩戴的 5 枚黄金花钿可能按照“2+3”的方式排列，世妇所佩戴的 3 枚黄金花钿可能按照“1+2”的方式排列，这样的排列方式既与皇后的“三排”有尊卑之分，整体排列规律又是一致的。

▲ 萧皇后冠（现藏于中国大运河博物馆）

▲ 十二枚黄金花钿的排列方式

（二）爵兽步摇

1. 爵兽步摇

《晋书·舆服志》记载：“步摇以黄金为山题，贯白珠为支相缪，八爵（雀）九华（花），熊、兽、赤罴（pí）、天鹿、辟邪、南山丰大特六兽，诸爵兽皆以翡翠为毛羽，金题白珠榼（kē），绕以翡翠为华。”

爵兽步摇因垂饰为爵、兽而得名，主要由两部分组成，一是黄金山题，形状与金博山类似，雕刻有花纹，以六兽作为装饰；二是由黄金串白珠制成的“桂枝”和桂枝上的金花、金爵（雀）。

相比于简单的垂珠步摇，爵兽步摇不仅结构繁复、形式华丽，更因为六兽装饰而多了一些吉祥的意味，戴在皇后头上，更能衬托出皇后身份之不凡、仪态之端庄。

甘肃省文物考古研究所收藏着一件汉代的金花饰，该金花饰的下端由粗到细，便于插入发髻中固定。基座上有四枚低垂的花叶，从花心位置向上探出七枝花枝，中间的花枝顶端立着一只口衔金片的金鸟，其他枝头则立着金花或金花苞，金花花瓣、金叶顶端有圆形的小洞，用来悬挂金叶。考古学家推断该首饰是汉代的“一爵七华”步摇，是一种等级比较低的步摇，可以用来推测魏晋时期的爵兽步摇形制。

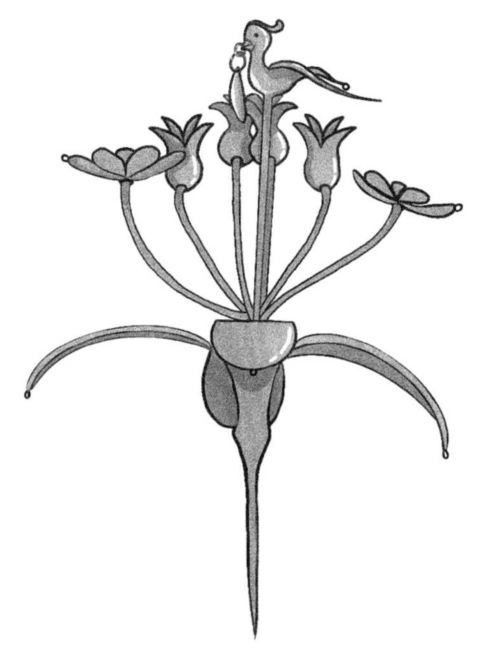

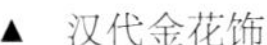

▲ 汉代金花饰

▲ 爵兽步摇形制猜测图

2. 金叶步摇

辽宁朝阳田草沟晋墓曾出土一件金叶步摇，该步摇以黄金为山题，正中间有一道纵向凸起的棱，两侧镂空对称分布四个蒂叶纹，一串粟粒纹紧密环绕在蒂叶纹外侧；以黄金山题为核心向外延伸出黄金“枝干”，每支“枝干”悬挂 5 枚黄金“树叶”。该步摇不像是单独使用的，更像是与步摇冠配合使用。

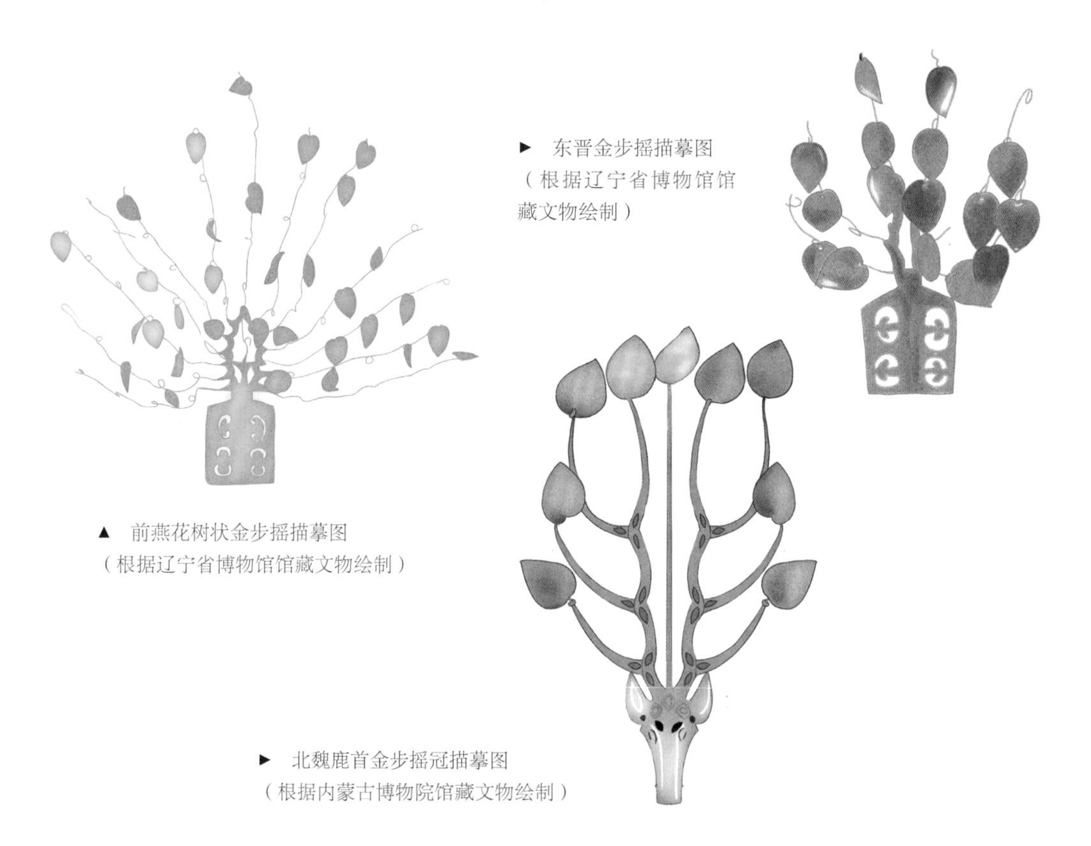

► 东晋金步摇描摹图（根据辽宁省博物馆馆藏文物绘制）

▲ 前燕花树状金步摇描摹图（根据辽宁省博物馆馆藏文物绘制）

► 北魏鹿首金步摇冠描摹图（根据内蒙古博物院馆藏文物绘制）

3. 步摇的发展

通过观察出土文物，发现步摇上的金饰很有可能是可拆卸的，拆卸下来后可用作耳饰。除了金叶、金花形状，魏晋时期常见的步摇金饰形状还有桃形、镂空桃形、圆形、方胜形、钟形、钱形、花瓣形等。

当下我们熟悉的步摇大多是一端缀有流苏或玉珠的形制，这类步摇在魏晋南北朝时期相当少见，隋唐时才开始流行。

▲ 甘肃敦煌莫高窟第 130 窟唐代壁画《都督夫人礼佛图》中戴步摇的贵妇

（三）蔽髻

1. 蔽髻

《隋书·礼仪志》记载："内外命妇从五品已上，蔽髻，唯以钿数花钗多少为品秩。"

蔽髻是古代妇女罩在发髻上的装饰物。魏晋南北朝时期，内外命妇礼服首饰中的花钿常插在蔽髻上，根据花钿数量来判断命妇尊卑等级。

2. 关于蔽髻形制的猜测

由于古籍文献所提到的"蔽髻"多仅限于名称，而不提用法、形制，且目前尚未有蔽髻实物出土，所以蔽髻的用法和形制都不确定。考古学家在河南洛阳寇店西朱村曹魏墓葬中挖掘出了刻有随葬品名目记录的铭刻石碑，其中一块石碑刻有"翡翠金白珠铰三钿蔽结（髻）一具柙自副"，这说明蔽髻的量词为"具"。魏晋南北朝时期，"凡配备具足、成套可用的事物"（刘世儒《魏晋南北朝量词研究》）都可以用"具"作为量词，这说明蔽髻很有可能是一套首饰的统称，据此推测其是附着有黄金花钿的金属框架，使用时戴在假髻上。

3. 蔽髻出土实物

隋蜀国公独孤罗妻贺若氏墓曾出土一件首饰，该首饰既包含了花钿，又包含了构成步摇的金花、摇叶、珍珠等构件，通过如花枝缠绕的金饰连接各构件。因为该首饰既不属于花钿，又不能称为步摇或步摇冠，更不属于博鬓的饰物，所以可能是蔽髻发展到隋朝的产物。

► 陕西西安隋蜀国公独孤罗妻贺若氏墓出土蔽髻描摹图

五、纤髾——袿角繁复，衣带飘飘

纤髾是一种由丝织品制成的衣服饰物，形状为上宽下尖的三角形，是魏晋南北朝女性服饰的特色发明之一，但不能说它始于魏晋。因为早在 2003 年新疆楼兰 LE 壁画墓就出土了带三角形衣饰的袍服，推测是东汉时期的产物。楼兰出土的三角衣饰形状如标准的"等边三角形"，与《女史箴图》中纤细、飘逸的纤髾存在比较大的差异，可以看作纤髾的肇始。

通过壁画和出土文物来看，汉代的三角形衣饰形状比较“正”，类似“圭”形，多出现在衣服的领子和下摆处。而魏晋南北朝时期的三角形衣饰的形状“又细又长”，被称作“纤”，末端连有飘带，被称为“襳（xiān）”，“襳”不仅可以与“纤”合二为一，还可以单独缝在肩膀、肘部等处。

由于纤髾多由丝织物制成，质地比较轻，所以当穿者莲步轻移时，纤髾飘飘兮若乘风，旋旋兮如燕舞，好似神仙妃子。

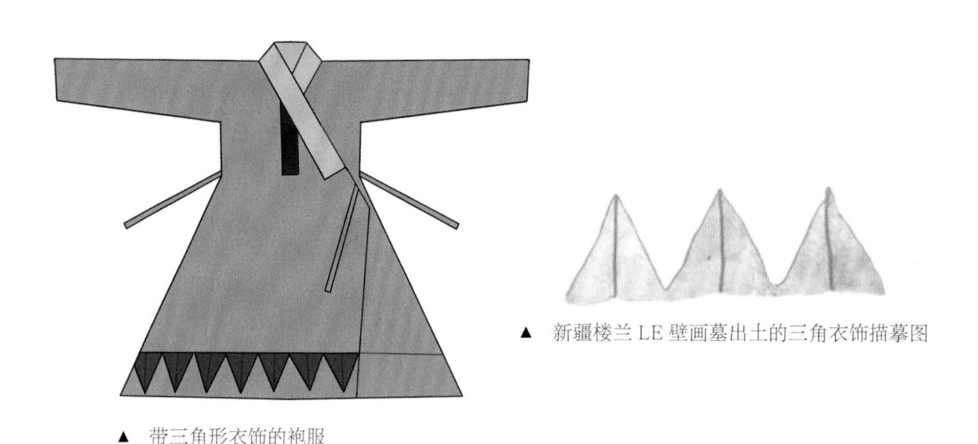

▲ 新疆楼兰 LE 壁画墓出土的三角衣饰描摹图

▲ 带三角形衣饰的袍服

六、绣裾——刺绣半臂，荷叶袖边

宋高承《事物纪原·背子》记载：“秦二世诏，衫子上朝服加背子，其制袖短于衫，身与衫齐而大袖，俗名‘裾掖’或‘绣裾’，如今之半臂。”

（一）半臂

半臂也称“半袖”，东汉刘熙《释名·释衣服》中有“半袖，其袂半，襦而施袖也”，“袂”即“袖”，“襦”曰“短衣”，这说明半臂是一种袖长只有寻常上衣一半的服饰，既能起到保暖作用，又可以令手臂动作更灵活。

（二）绣裾

绣裾是一种彩色半臂上衣，其特点是袖口有荷叶边缘饰，形制为大襟交领。东汉时期，绣裾仅为妇女所用，后来男性也可穿着，一般穿在长袖衣外，不单独穿着。

▲《洛神赋图》中穿绣𧙕的女子

▲《帝后礼佛图》中身穿绣𧙕的皇后

(三)绣𩪘和䘪𧙕

绣𧙕和䘪(chōng)𧙕形制相似,唯一的区别是䘪𧙕的袖口没有缘饰。东晋郭璞注《方言》中有:“无缘之衣谓之䘪𧙕。”

(四)楼兰半袖绮衣

楼兰古城北墓出土了一件半袖绮衣，虽然是一件童装，但是形制与绣𧙕比较相似。半袖绮衣形制为交领右衽、上下分裁、腰间连属，有收腰设计，所以显得下摆格外宽大。袖长仅到手肘，肘部袖端有褶裥(jiǎn)设计，呈喇叭状。腰间和下裳前门襟处都有带状装饰物，既可以用来打结固定，又可以作为装饰。值得注意的是，这件半袖绮衣腰间侧缝和前襟领子接缝处都有细密的褶皱，丰富的褶皱为其增色不少。

◄ 半袖绮衣形制图(根据新疆楼兰古城北墓出土残片推测绘制)

七、抱腰——形制宽博，凸显腰肢

抱腰也称“围裳”“腰采”，是一类围在腰部的服饰，多以细布制成，外系丝带以固定。长度一般比较短，仅能盖住腰臀，也有长至小腿甚至脚踝的，但并非主流。抱腰可以说是魏晋时期女性服饰最特别的创新之一，其主要作用是凸显穿着者的纤细腰肢。南北朝时，抱腰的穿着位置有逐渐上升的趋势，这说明当时女性有追求“大长腿”的倾向，到隋唐时期，女子甚至将腰带提到腋下胸前，给人以“胸以下全是腿”的视觉感受。

▲《洛神赋图》中穿抱腰的女子

▲《列女仁智图》中穿抱腰的贵妇

八、袿襹大衣——深衣形制，上青下缥

（一）袿襹大衣形制

《晋书 · 舆服志》记载：“皇后谒庙，其服皂上皂下，亲蚕则青上缥下，皆深衣制，隐领，袖缘以绦……元康六年，诏曰：‘魏以来皇后蚕服皆以文绣，非古义也。今宜纯服青，以为永制。’”

1. 深衣制

袿襹大衣是魏晋南北朝时期的特色服饰，流行于南朝，魏晋则沿袭汉制称“袆衣”。两者虽名称不同，但是形制大同小异，均为深衣制，深衣下穿裙，由于深衣比较短，所以露出部分下裙，又因为深衣为青色，下裙为缥色，所以出现了上青下缥的视觉效果。《晋书 · 舆服志》如此描述袿襹大衣，“隐领，袖缘以绦”，隐领即领缘与衣色相同，袖口处有绦作为缘饰。

2. 袖型演变

关于袿襹大衣的袖型，一种广袖有“祛（qū）”，一种广袖无“祛”，“祛”是一种在手腕处收窄的袖口，像“葫芦嘴”。东晋十六国时期今朝鲜安岳郡冬寿墓壁画、陕西大同北魏司马金龙墓漆画中人物所穿袆衣袖口有“祛”，河南邓县南朝墓画像砖郭巨妻像和陕西西安北周康业墓围屏石榻线刻像中人物所穿袿襹大衣袖口无“祛”且袖子形状比较有特点，大臂部分细窄，小臂部分骤然加宽，显得仙气飘飘。

▲ 山西大同北魏司马金龙墓漆画中广袖有“祛”的袿襹大衣

▲ 河南邓县南朝墓画像砖郭巨妻像中身穿广袖无“祛”袿襹大衣、外套绣裲的妇女

► 陕西西安北周康业墓围屏石榻线刻中身穿广袖无“祛”袿襹大衣、外套绣裲的贵妇线描图

（二）杂裾垂髾

袿襹大衣最突出的特点是杂裾垂髾，所以也被称为“杂裾垂髾服”。“杂裾”即衣下摆重叠，“垂髾”即蔽膝周围、肘后、肩部等处垂有纤髾。

（三）穿着方式

这一时期袿襡大衣的穿法有两种。一是顾恺之笔下贵族女性的穿着方式，贵妇在袿襡大衣外套一件短纱衣，纱衣的下摆被系在宽博的抱腰之下，抱腰之上用细带勒紧。宽博的抱腰不仅将腰凸显出来，还拉长了腰的视觉效果，更显贵妇身段之纤细、轻盈，主要流行于魏晋。

▶《列女仁智图》中穿袿襡大衣的贵妇

二是冬寿墓壁画中冬寿夫人的打扮，夫人在袿襡大衣外套一件绣裾，绣裾袖口以荷叶边作为装饰，腹前围有蔽膝，蔽膝下摆为半圆形，边缘装饰纤髾，衣袂飘飘，洒脱浪漫，主要流行于南朝。冬寿夫人所穿袿襡大衣的袖型为垂胡袖，南北朝时期以衣袖宽大飘逸为美，也有绣裾内穿大袖襦的打扮。

▶ 冬寿墓（位于今朝鲜黄海南道安岳郡）壁画中穿袿襡大衣的冬寿夫人描摹图

无论是内命妇还是外命妇，都可以在桑蚕礼上穿着袿襡大衣，但是服色有区别。根据《晋书·舆服志》记载，皇后服色为“上青下缥”，其他贵妇服色为“上下皆缥”。

梳大手髻、穿袿襹大衣的贵妇

头戴绀缯帼、身穿袿襡大衣的贵妇

九、织成履——单底之鞋，丝麻制成

颜师古注《急就篇》记载："单底谓之履。"

（一）履

履是单底之鞋，由丝、麻、皮等材料制成，由丝制成的履称丝履，由皮制成的履称革履，破旧的鞋子被称作敝履，等等。

履是鞋的古称，鞋帮由布帛制成并在其上开孔，用五色絛绳作为鞋带穿系，使履更合脚。魏晋南北朝时期，涌现出各式各样的履，这些履大多根据其形状命名，虽然很多暂无出土实物，但是可以根据名称推测一二。

《中华古今注》记载："鞋子自古即皆有，谓之履，絇繶（qú yì）皆画五色。至汉有伏虎头，始以布鞔繶（mán yì），上脱下加，以锦为饰。至东晋以草木织成，即有凤头之履、聚云履、五朵履。（南朝）宋有重台履，（南朝）梁有笏头履、分梢履、立凤履，又有五色云霞履。汉有绣鸳鸯履，昭帝令冬至日上舅姑。"

（二）织成履

织成履也称组履，是一种用彩丝、棕麻等材料按照事先定好的样式直接编织而成的鞋履，工艺与缂（kè）丝类似。普通丝履鞋面上的图案是由颜料绘制而成或是刺绣而得，织成履鞋面上的图案则是在编织过程中"通经断纬"得到的，所以制作过程比一般丝履更烦琐，只有贵族男女可以使用。

织成履在秦汉时期便已经出现，当时还有专门制作织成履的工匠。魏晋南北朝时期，丝履流行，工艺复杂的织成履更是受到贵族的喜爱。新疆吐鲁番阿斯塔那东晋墓出土了一双织成履，该履的鞋底是由麻绳编成的，长约 22 厘米，宽约 8 厘米，鞋帮则是由褐红、白、黑、蓝、黄、土黄、金黄和绿八种颜色的丝线挑织而成，鞋面上不仅织有祥云、对兽等图案，还有"富且昌宜侯王天延命长"十个隶书汉字，足见当时织履工艺之高超。

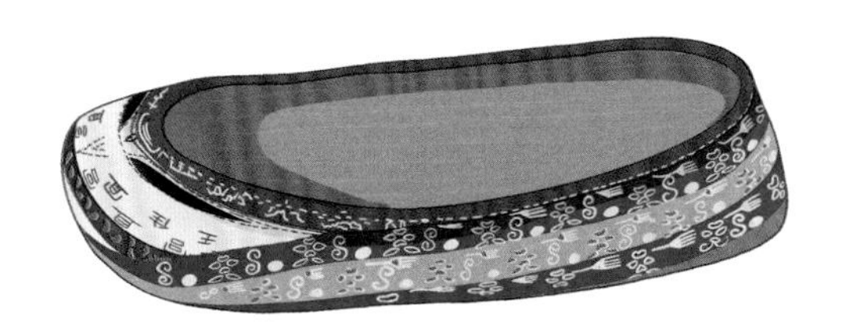

◀ 新疆阿斯塔那东晋墓出土的织成履描摹图

（三）魏晋南北朝时期的各种丝履

1. 笏头履

笏头履也称“扬头履”，是一种履头高翘、形似笏板的鞋履，笏头履前端上翘，表现了对上天的信仰和崇拜。因为笏头履履头高大，所以穿者无法疾步快走，这就意味着穿着者是不需要劳作的贵族。因为笏头履的鞋翘与鞋底相连，所以好穿且耐穿，在贵族圈中比较流行。

魏晋南北朝时期，笏头履男女皆可穿，隋唐时期主要为妇女所穿，明代在此鞋基础上衍变出琴鞋，多由男子穿着。

2. 圆头履

《晋书·五行志》记载：“初作屐者，妇人头圆，男子头方。圆者，顺之义，所以别男女也。至太康初，妇人屐乃头方，与男无别，此贾后专妒之征也。”

圆头履（也可称圆头屐）是一种履头呈圆弧形的鞋履，前文提到的织成履便是一种圆头履。魏晋南北朝时期，男子一般穿方头履，女子则穿圆头履。这一区别按照古代“天圆地方”的理念，前者代表“阳刚从天”，后者喻“温顺从夫”，是早期封建思想对女性压迫的体现。

3. 凤头履

关于凤头履的形制有两种说法，一说凤头履是履头有凤纹的鞋履，一说凤头履是履头做成凤头形状的鞋履。山东邹城博物馆藏有一只暗红色灵芝纹石凤头鞋雕刻作品，履头即为凤头形状，且这一时期的鞋履多是用形状命名而非用面料纹样命名，所以笔者偏向第二种说法。

4. 聚云履

明高濂《遵生八笺》中有：“以白布为鞋，青布作高挽云头，鞋面以青布作条左右分置，每边横过六条，以象十二月意。”

聚云履也称承云履、承运履，鞋头高出鞋帮且向上翘起，状如云朵。魏晋诗人甄述在其诗文《美女诗》中描述道：“足蹑承云履，丰趺皓春锦。”意为脚上穿着承云履，丰满的脚背像春锦一样白，这说明聚云履的鞋面应该比较细窄，可以露出脚背。

5. 五朵履

五朵履是鞋头被制作成五瓣且向上高高翘起的鞋履，整体形状像云朵，相传始于东晋，隋唐时期仍然流行，多是妇女穿着。

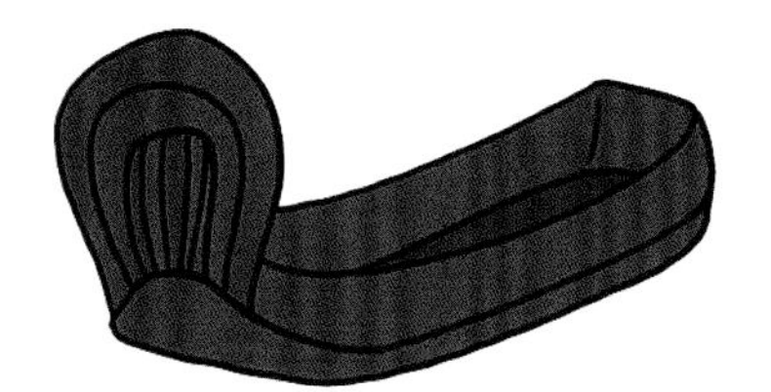

▲ 笏头履

▲ 方头履

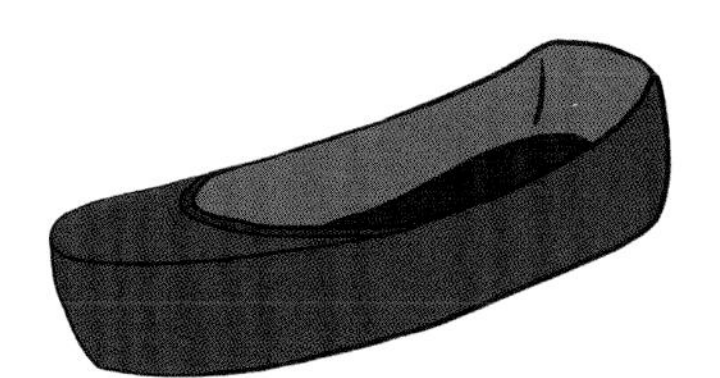

▲ 圆头履

▲ 灵芝纹石凤头履

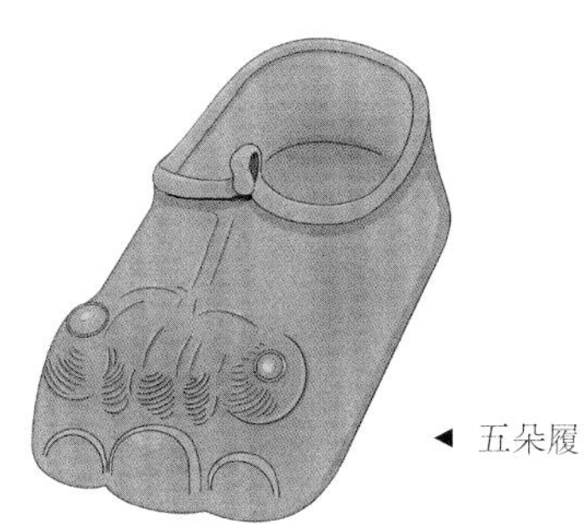

◀ 五朵履

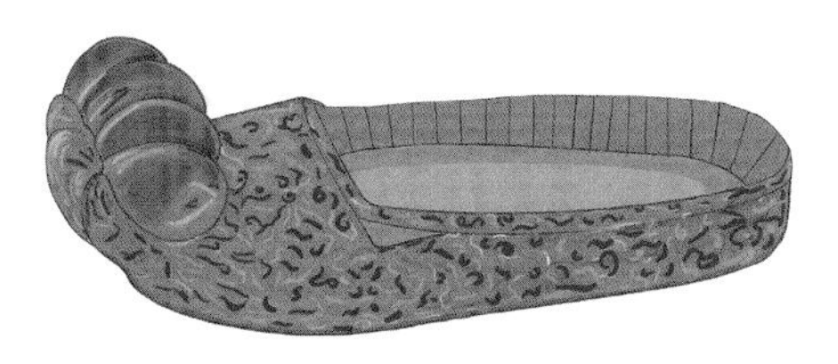

▲ 聚云履

6. 重台履

重台履也称高墙履，鞋头像是多层重叠的山。重台履始见于南朝宋，流行于唐。

7. 分梢履

分梢履也称歧头履，其特点是鞋头有两角似的分叉，男女皆可穿，主要流行于西汉，湖南马王堆西汉墓出土了女式分梢履，湖北江陵凤凰山西汉墓出土了男式分梢履。

8. 穿角履

北齐魏收《魏书·王慧龙传》记载："遵业从容恬素，若处丘园。尝著穿角履，好事者多毁新履以学之。"

穿角履是一种履头破旧、穿孔呈棱角状的鞋履，本质上是一种穿破了的鞋，但是由于北魏著名史学家王遵业生性从容，不在乎鞋尖是否破旧，仍然穿着旧鞋，竟引领了一时风尚，以至于很多人故意将新鞋鞋尖扎破造出棱角。

▲ 重台履

▲ 分梢履

▲ 穿角履

9. 花文履

北魏高允《罗敷行》记载："脚著花文履，耳穿明月珠。"

花文履又称"文履"，是一种在鞋帮上绣出花纹的鞋履，男女皆可穿，主要由妇女穿着。

10. 尘香履

唐冯贽《南部烟花记·尘香》记载："陈宫人卧履，皆以薄玉花为饰，内散以龙脑诸香屑，谓之尘香。"

尘香履是一种睡鞋，可以看作南陈宫人的独家设计款。这种鞋由丝帛制成，鞋帮上绣有繁复的花样，并缀有珍珠，南陈宫人还在鞋中撒香料，以达到步步留香的效果，"尘香履"之名由此而来。

魏晋南北朝时期没有裹脚的习俗，所以妇女睡觉时没有穿鞋的习惯，因而笔者推测所谓"睡鞋"，并不是睡觉时所穿的鞋，而是睡前穿的鞋。

11. 金薄履

西晋张华《轻薄篇》记载："横簪刻玳瑁，长鞭错象牙。足下金薄履，手中双莫邪。"

金薄履是一种将金箔剪成花样贴在鞋帮上的鞋履，由于制作该鞋需要用到金箔，所以仅有贵族男女可以穿着。

场景六　贵妇在卧房内对镜梳妆

炉香浥浥，香气馥郁，两位贵妇正在对镜梳妆。右边贵妇身穿朱缘深衣，头梳缕鹿髻，正在对着铜镜描眉画目，左边贵妇则梳着垂髾髻，高髻上插有两支黄金步摇，身穿蜜合缘信期绣红襦和蜜合色下裙，外罩一件碧绿围裙，腰间围有青色抱腰、系着红色衣带。

一、高髻——髻后垂髾，鬟发长垂

高髻是一种"巍峨耸立"的发型，早在汉代便已出现，有"城中好高髻，四方高一尺"（《后汉书·马廖传》）为证。但汉代时高髻并不流行，该诗应该是以夸张的手法讽刺当时上行下效的社会氛围。

魏晋南北朝时期，高髻才真正流行，这一时期的高髻展现出两个独有的特点，这是后世高髻多不具备的，一是髻后垂髾，二是鬓发长垂。髻后垂髾即在发髻的最后方抽出一绺头发，所以该发型也被称为“垂髾髻”；鬓发长垂即从两鬓垂下一段头发，长度约到下巴。

《女史箴图》《列女仁智图》中的贵妇多梳这一发型，发髻前插有两支金花步摇。整体来看，这一时期的高髻没有将头发全部梳到头顶，肩颈处垂有部分发包，可以看作秦汉流行的垂髻发式的遗韵。

垂髾髻并非只由贵妇独享，侍女亦可梳。辽宁辽阳三道壕西汉壁画墓中为贵妇打扇的侍女、田间劳作的农妇也梳着垂髾髻，只是发髻上不见贵重的金银首饰。

◀ ①《女史箴图》中梳垂髾髻的女子

◀ ②《列女仁智图》中梳垂髾髻的女子

▲ 辽宁辽阳三道壕西汉壁画 3 号墓《宴饮图》中梳垂髾髻的侍女线描图

二、缕鹿髻——逐层如轮，上小下大

清王先谦《后汉书集解》记载：“汉妇人发髻有缕鹿之式。薛琮注：缕鹿髻‘有上下轮，谓逐层如轮，下轮大，上轮小，其梳饰此髻时必有柱。’”

缕鹿髻流行于秦汉，也可见于魏晋南北朝时期的贵妇群体中。《女史箴图》中绘有梳着缕鹿髻的贵妇对镜梳妆，河南打虎亭汉墓壁画中绘有梳着缕鹿髻的贵妇于宴席中端坐。观察这两幅图像，可以发现两名贵妇都穿了宽松的深衣，《女史箴图》中的贵妇穿有朱缘米色深衣，打虎亭汉墓壁画中的贵妇穿着皂缘朱色深衣，可以推测缕鹿髻一般是与深衣搭配的。

贵妇梳缕鹿髻时，首先将全部头发捋至头顶，然后一圈一圈盘上去，保证上一圈比下一圈小，为了视觉效果也可能使用了假发。为了令发型可以较长时间维持原样，一般将簪或搔头等首饰自上而下插入发髻作为支撑。

▲《女史箴图》中梳缕鹿髻的女子

▲ 河南打虎亭汉墓壁画中梳缕鹿髻的女子

三、面妆——色彩浓烈，形式大胆

1. 紫妆

晋崔豹《古今注·杂注第七》记载：“魏文帝宫人绝所爱者，有莫琼树、薛夜来、陈尚衣、段巧笑四人，日夕在侧。琼树乃制蝉鬓，缥缈如蝉翼，故曰蝉鬓。巧笑始以锦衣丝履作紫粉拂面，尚衣能歌舞，夜来善为衣裳，一时冠绝。”

紫妆即妇人利用紫粉（紫粉制作方式见下文化妆品“散粉”一节）敷面的一种妆容，

据说是魏文帝曹丕爱妾段巧笑发明的，因为紫色是黄色的对比色，所以紫粉敷面不仅不会显得夸张滑稽，反而比白粉敷面更显自然。

▲ 紫妆

2. 啼妆

南朝梁何逊《咏照镜诗》云："朱帘旦初卷，绮机朝未织。玉匣开鉴影，宝台临净饰。对影独含笑，看花空转侧。聊为出茧眉，试染天桃色。羽钗如可间，金钿畏相逼。荡子行未归，啼妆坐沾臆。"

啼妆是一种通过在眼角下方涂上透明油膏以模拟流泪状态的妆容，泫然欲泣的眼眸加上细长微蹙的眉毛，给人以楚楚可怜之感。该妆容流行于东汉，《后汉书 · 五行志》记载"桓帝元嘉中，京都妇女作愁眉、啼妆……啼妆者，薄拭目下，若啼处"。魏晋南北朝时期仍有人使用，但不多，仅在南朝梁诗人何逊的诗中出现过。根据何逊诗的描述，啼妆搭配的眉形为"出茧眉"，眉毛形状类似于蚕蛾破茧而出时的形态，眉角细长整齐。

▲ 啼妆

3. 面靥妆

明冯梦龙《情史类略》记载："（孙）和于月下舞水精如意，误伤夫人颊，血流污裤，娇姹弥苦。自舐其疮，命太医合药……琥珀太多，及差，面有赤点如朱。逼而视之，更益其妍。诸嬖人欲要宠，皆以丹脂点颊，而后进幸。妖惑相动，遂成淫俗。"

魏晋时期的面靥（yè）妆出自东吴的邓夫人，邓夫人被如意误伤脸颊，因为治疗时用了太多琥珀，所以伤口处留下了一个朱红色的小点。哪料就是这一个小红点，竟令邓夫人更加妩媚，更得孙和宠爱。自此，想要

▲ 面靥妆

承宠的宫人皆以丹脂点颊。

其实面靥妆自秦汉时期便相当流行，最初是为了模拟两腮酒窝而设计的。魏晋南北朝时期的面靥妆相比于秦汉时期有了很大的发展：一是面靥的位置更加灵活，不局限于嘴角两腮处，开始出现在额头等部位；二是面靥的形状更加多样，不局限于圆点，而可以是各类花形。

4. 梅花妆

宋李昉等《太平御览》引《杂五行书》中有："宋武帝女寿阳公主人日卧于含章殿檐下，梅花落公主额上，成五出花，拂之不去。皇后留之，看得几时，经三日，洗之乃落。宫女奇其异，竞效之，今梅花妆是也。"

▲ 梅花妆

梅花妆是面靥妆的一种变形，最早由南朝宋武帝的女儿寿阳公主发明。该妆容的由来颇具传奇意味，说是寿阳公主在梅花树下小憩，恰好有一朵五瓣梅花落在公主额头，拂之不去，留下浅红色痕迹，三天才褪色。宫女觉得好看，争相效仿，或是将梅花粘在额头，或是用笔将梅花轮廓浅浅勾画出来。

寿阳公主在今天一定是位很出色的美妆师，她不仅发明了宫女竞相效仿的梅花妆，还在出嫁时为了表现自己的哀愁而画了八字眉，这种妆容在后来的唐代也颇为流行。

5. 额黄妆

南朝梁萧纲《美女篇》记载："佳丽尽关情，风流最有名。约黄能效月，裁金巧作星。"

额黄妆是一种以黄色颜料涂染额头的妆容，受到金身佛像启发而流行，主要盛行在南朝梁后宫中，有极端者，以黄色颜料涂满全脸，称"佛妆"。有些妃嫔在用黄色颜料涂染额头的同时，还以碎金箔贴脸，"黄月"与"金星"相互映衬，试图追求一种自然和谐之美。

▲ 额黄妆

6. 晓霞妆

唐张泌《妆楼记》记载："（薛）夜来初入魏宫，一夕，文帝在灯下咏，以水晶七尺屏风障之。夜来至，不觉面触屏上，伤处如晓霞将散，自是宫人俱用胭脂仿画，名晓霞妆"。

▲ 晓霞妆

晓霞妆是后世斜红妆的原型，是一种模拟伤口的独特妆容，具有对称之美。根据《妆楼记》的记载，魏文帝曹丕宠妾薛夜来因为不慎撞上水晶屏风而划破脸颊，恢复过程中，伤口由内而外，颜色由深到浅，恰似晓霞将散，不仅没有毁容，反而更添一丝华丽妖艳，众宫人纷纷效仿，该妆开始流行。后来，人们直接利用红色颜料在鬓角和眉间画两道月牙儿似的"伤口"，"晓霞妆"演变为"斜红妆"。

7. 仙娥妆

唐宇文士及《妆台记》记载："魏武帝令宫人扫青黛眉、连头眉，一画连心细长，人谓之仙娥妆；齐梁间多效之。"

▲ 仙娥妆

仙娥妆是魏武帝曹操发明的一种妆容，其特点是眉头相连，眉尾上翘。该妆不仅在女子间流行，也很受男性的青睐，《列女仁智图》中几名男子眉尾上翘且眉心极窄，可能就是此妆。

8. 半面妆

唐李延寿《南史 · 后妃传》记载："妃以帝眇（miǎo）一目，每知帝将至，必为半面妆以俟，帝见则大怒而出。"

▲ 半面妆

半面妆全称为"徐妃半面妆"。徐妃名为徐昭佩，是南朝梁元帝的妃子，因为梁元帝是独眼，徐昭佩对这桩婚事很不满意，便只画半张脸的妆，每每气得梁元帝拂袖而去。此妆虽个性有余，但不够漂亮，所以并未流行开来，可能只有徐昭佩有勇气化这种妆吧。

9. 黄眉墨妆

唐魏徵等《隋书·五行志》记载："后周大象元年……朝士不得佩绶，妇人墨妆黄眉。"

黄眉墨妆是一个由皇帝强行推广的妆容，强推未必有市场，所以仅流行于北周末年。同时期诗人庾信作《舞媚娘》诗云："眉心浓黛直点，额角轻黄细安"，说明黄眉墨妆的特点是眉心有一个如墨点般的黑点，眉毛到额角处用颜料涂黄。

▲ 黄眉墨妆

10. 五色花钿妆

《中华古今注》记载："至东晋有童谣云：'织女死时，人帖草油花子，为织女作孝。'至后周，又诏宫人帖五色云母花子，作碎妆，以侍宴。"

五色花钿妆流行于后周，同黄眉墨妆一样，由皇帝下令推广，但是因为该妆比较美观，所以在后代也有流行，例如宋代的珍珠花钿妆可能就是五色花钿妆的变形。五色花钿妆的原料是青、赤、白、黑、黄五种颜色的云母石，排列成花形粘在脸上。

▲ 五色花钿妆

四、化妆品——工艺复杂，天然绿色

（一）澡豆

唐孙思邈《千金翼方》记载："面脂手膏，衣香澡豆，仕人贵胜，皆是所要。"

澡豆是我国古代的一种清洁用品，由豆子、香料等原料研磨成粉制成，不仅可以作为洗面奶、洗手皂等清洁皮肤用品，还可以用于清洗衣物，一般盛放于盒中，随用随取。《世说新语》中记

▲ 三国剔犀云纹圆盒描摹图

载了东晋宰相王敦上厕所后看到侍女递来的澡豆，以为是干饭而吃掉的故事，说明澡豆在魏晋南北朝时期还不够普遍，就连王敦都不认识。

（二）胭脂

北魏贾思勰《齐民要术》记载："作燕脂法：预烧落藜、藜、藋及蒿作灰，以汤淋取清汁。揉花。布袋绞取淳汁，着瓷碗中。取醋石榴两三个，擘取子，捣破，少着粟饭浆水极酸者和之；布绞取沈，以和花汁。下白米粉，大如酸枣，粉多则白。以净竹箸不腻者，良久痛搅，盖冒至夜，泻去上清汁，至淳处止，倾着帛练角带子中悬之。明日干浥浥时，捻作小瓣，如半麻子，阴干之，则成矣。"

胭脂是一种红色的化妆品，汉代后开始流行，是古代妇女的重要化妆品之一。魏晋南北朝时期，妇女可以利用蒺藜、蒿、酸石榴和白米粉等自制胭脂。

（三）面脂、口脂

《齐民要术》记载："合面脂法：用牛髓。温酒浸丁香、藿香两种。煎法一同合泽，亦著青蒿以发色。绵滤著瓷漆盏中，令凝。若作唇脂者，以熟朱和之，青油裹之。"

面脂是用来润面的一种化妆品，有些类似于今天的润肤油，口脂即口红。魏晋南北朝时期的面脂和口脂都是由牛油、香料等制成的。唐代以后，皇帝专门赏赐官吏面脂、口脂以作慰劳。南北朝时期流行一种将嘴唇涂成乌黑色的妆容，人们将口脂做成黑色，称为"乌膏"。

（四）散粉

《齐民要术》记载："作紫粉法：用白米英粉三分、胡粉一分，和合均调。取落葵子熟蒸，生布绞汁，和粉，日曝令干。若色浅者，更蒸取汁，重染如前法。"

魏晋时期以肤白为美，所以不论男女皆面敷白粉。当时使用的散粉是由米粉制成，不仅可以用于化妆，还可以食用，相比于其他时期流行的铅粉，米粉更健康。根据《齐民要术》的记载，这一时期的散粉除了可以直接食用的米粉外，还有紫粉和香粉，紫粉由米粉和胡粉混合调匀而成，因用落葵子染过呈紫色而得名，香粉即在粉盒中盛放整颗丁香令其散发香味的散粉。

湖南长沙马王堆西汉古墓和福建福州南宋黄昇墓均出土了粉扑实物，粉扑由丝绵制作而成，扑背上有花纹图案，这说明古代妇女在面上敷粉也是要用粉扑的。

（五）香泽

《齐民要术》记载："合香泽法：好清酒以浸香。鸡舌香、藿香、苜蓿、泽兰香，凡四种，以新绵裹而浸之。用胡麻油两分、猪脂一分，内铜铛中，即以浸香酒和之。煎数沸后，便缓火微煎，然后下所浸香煎，缓火至暮，水尽沸定，乃熟。泽欲熟时，下少许青蒿以发色。以绵幕铛嘴、瓶口，泻著瓶中。"

香泽是指有香气的头发油，类似于现代的头油。按照《齐民要术》的记载，魏晋南北朝时期的香泽由鸡舌香（现称丁香）、藿香、豆蔻、泽兰香四种香料制成，男女皆可用。增加兰草汁调成的香泽被称为"兰膏"，为妇女专用。

（六）石黛

南朝徐陵《玉台新咏》记载："南都石黛，最发双蛾；北地燕支，偏开两靥。"

石黛是一种由天然矿石制作而成的眉笔，用时在石砚上蘸水研磨取色。石黛流行于秦汉、魏晋南北朝时期，隋唐之后被螺子黛等人工制作的眉笔所代替。江苏泰州新庄汉墓出土了一件黛砚，与墨砚台比较类似，一面粗糙，一面被加工成平而不滑、便于研磨的形状。

▲ 江苏泰州新庄汉墓出土黛砚描摹图

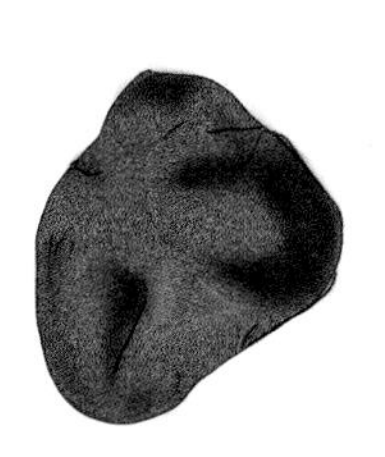

▲ 眉石和眉笔描摹图

五、饰品——镂金镶玉，光彩异常

魏晋繁钦《定情诗》云："何以致拳拳？绾臂双金环。何以致殷勤？约指一双银。何以致区区？耳中双明珠。何以致叩叩？香囊系肘后。何以致契阔？绕腕双跳脱。何以结恩情？美玉缀罗缨。何以结中心？素缕连双针。何以结相于？金薄画搔头。何以慰别离？耳后玳瑁钗。何以答欢忻？纨素三条裙。何以结愁悲？白绢双中衣。"

（一）臂钏

《说文解字·金部》记载："钏，臂环也。"

1. 臂钏和跳脱的区别

臂钏是一种佩戴于上臂的环形首饰，自西汉之后开始流行，于唐宋时期盛行。臂钏和跳脱都是佩戴在胳膊上的环状物，很多人会弄混，但通过《定情诗》可以很明确地将臂钏和跳脱区分开。"绾臂双金环"一句说明臂钏是戴在手臂上的，"绕腕双跳脱"一句说明跳脱是戴在手腕上的，类似于今天的手镯。

2. 臂钏的材质

臂钏主要以金、银、铜为制作材料，北京市顺义区大营村西晋墓 M5 中出土了一件铜丝环臂钏，M41 中出土了一件银丝环臂钏。但魏晋南北朝时期的金制臂钏目前只存在于文字资料中，暂未有实物出土。

3. 臂钏的作用

臂钏除了有装饰作用，还具实用性。魏晋南北朝时期，男女皆可佩戴臂钏，除装饰功能外，男性佩戴臂钏还可用于防御，女性佩戴臂钏可以起到"压袖"和"藏巾"的作用，"压袖"即令衣袖和手臂贴合，使活动方便，"藏巾"即将随身手帕夹放在臂钏和手臂的贴合处。

4. 臂钏的发展

唐代臂钏多为"缠钏"，即臂钏环绕成螺旋形，钏头用金、银丝缠绕成活环结构，与下层相连，这一设计可以起到调节松紧的作用。"缠钏"的缠绕圈数不定，一般缠绕三圈，多的可达十几圈。宋代时，人们已经不满足于戴"素钏"，开始在钏上雕刻花纹，雕刻花纹的臂钏被称为"花钏"。当多个单钏不相连地戴在手臂上时，这一组合被称作"臂筒"。

▲ 明代金臂钏（南斗与北斗摄于湖北省博物馆）

（二）约指

《说文解字 · 系部》记载："约，缠束也。"

1. 约指的由来

约指也称指约、指环、手记、缠子等，是"戒指"的古称。戒指在今天被视作爱情和婚姻的信物，然而早在汉代却是为了"避宠"而出现的。汉郑玄《诗笺》记载："古后妃群妾，以礼进御，女史书其月日，授之以环，以进退之。生子月辰，以金环退之；当御者以银环进之，着于左手；既御者着于右手，谓之手记，亦曰指环。"即女史向嫔妃发放金银两种材质的指环，准备侍奉皇上的嫔妃左手戴银指环，已经侍奉过皇上的嫔妃右手戴银指环，月事来潮或身怀有孕的嫔妃手戴金指环。

2. 约指的材质

约指的材质非常多样，以金、银、铜等金属为主，除此以外还有铁、玉、骨、石等。

魏晋南北朝时期，南北方文化交流密切，玻璃戒指、宝石戒指很流行，山西太原北齐徐显秀墓出土了一枚非常精致的宝石金戒指，戒指由黄金戒托、戒指环和蓝宝石组成。戒指环由两个对称的狮形动物组成，动物中间托起一蘑菇状戒托，戒托周围刻有一圈连珠纹，内嵌蓝宝石，宝石戒面上还阴刻了一个两手持物的小人，可以说是非常精致了。

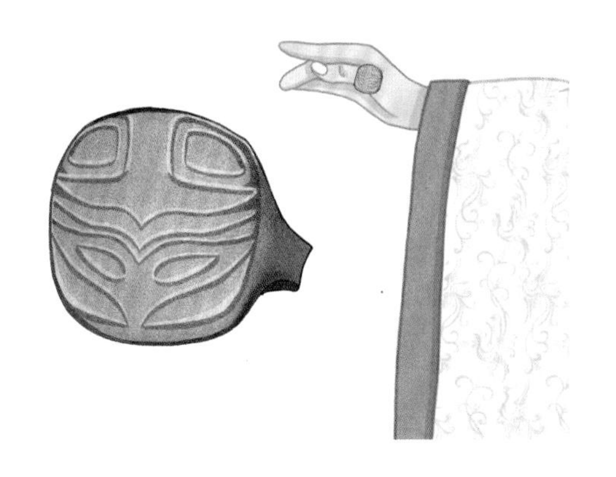

◀ 汉代虎纹金戒指描摹图（根据新疆维吾尔自治区博物馆馆藏文物绘制）

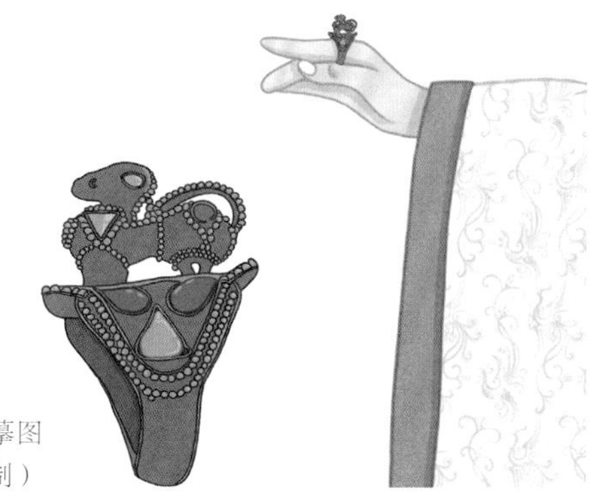

▶ 北魏嵌松石卧羊形金戒指描摹图（根据内蒙古博物院馆藏文物绘制）

大家知道中国历史上第一枚钻戒出现在什么时候吗？根据目前的文物发掘和史料考证，我国最早的钻戒被称作“金刚指环”，是魏晋南北朝时期由少数民族地区传入中原的，《宋书·蛮夷记》记载：“呵罗单国，治阇（dū）婆洲，元嘉七年，遣使献金刚指环……”作为佐证的还有江苏南京市鼓楼区象山东晋王氏家族墓出土的一枚金刚指环，环身由金铸成，上缀方形戒托，戒托内镶嵌着一枚八面体金刚石，现存于南京市博物馆。

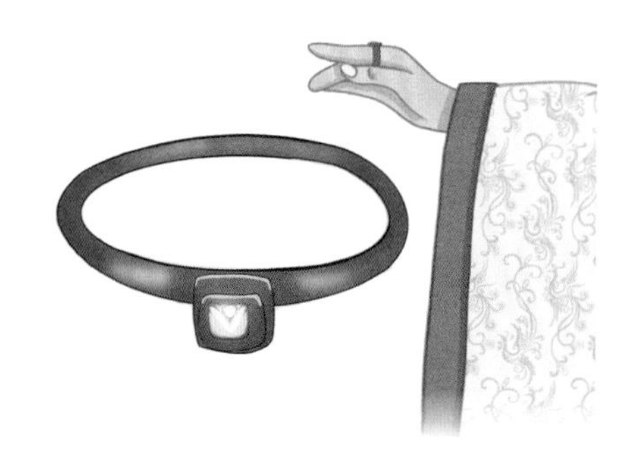

▲ 东晋嵌金刚石金指环描摹图（根据南京博物院藏文物绘制）

3. 约指的内涵

在我国古代，戒指的文化内涵非常丰富，除了前面提到的嫔妃戴戒说，还有早日还乡说和鬼魅灵异说。早日还乡说源于先秦，因为“环”与“还”谐音，所以君王赐流放罪臣玉环就意味着他可以还乡；鬼魅灵异说源于汉代，董仲舒在其所著的《春秋繁露》中提到“纣刑鬼侯之女，取其指环”，这种说法在魏晋南北朝和唐代也非常流行，是志怪小说和唐传奇的重要素材来源，在这一说法中，良家妇女不该戴戒指。

现代将戒指作为爱情信物或婚姻聘礼的习俗初现于魏晋南北朝时期，《晋书·四夷传》记载“（大宛）其俗娶妇先以金同心指环为聘”。以戒指为聘礼本是少数民族习俗，由于当时汉族和少数民族来往密切，所以这一风俗逐渐传到汉地，但未真正流行开。将戒指作为婚姻聘礼的习俗正式形成于宋代，但仅在民间流行，未被纳入宫廷嫁娶聘礼典制中。

约指这一称呼在汉代便有书可查，直到晚清仍有人使用。妇女缝纫为防止扎手而佩戴的顶针箍和满族用来扣弦拉箭的扳指皆是约指的变形。

（三）耳珰 / 耳环

两汉至南北朝时期，耳珰和耳环是两种截然不同的首饰，耳珰类似于今天的耳钉、耳坠，需要在耳朵上打洞佩戴；耳环则如其名，是由金属丝或金属片弯成环状的首饰，不需要在耳朵上打洞即可佩戴。根据当前的考古挖掘情况来看，魏晋南北朝时期耳环多于耳珰。此时的耳环多是由一根金属丝弯曲制成的或封闭或不封闭的环，有的整体呈椭圆形，有的呈圆形，佩戴的时候直接套在耳朵上。安徽固镇渡口村出土了一枚粗细均匀、两端闭合的圆形银丝耳环，山西大同南郊出土了一枚中间粗、两头细的椭圆形铜丝耳环。

魏晋南北朝时期的耳珰比较少，出土实物主要集中在北魏疆域，多是耳环下带坠饰的形制。

◀ 北魏镶松石金耳环描摹图（根据辽宁省博物馆藏文物绘制）

▲ 北魏嵌宝石人面龙纹金耳饰描摹图（根据大同市博物馆藏文物绘制）

▲ 北魏金耳坠描摹图（根据大同市博物馆藏文物绘制）

（四）香囊

汉郑玄《礼记注疏·内则》记载："容臭，香物也，以缨佩之……庾氏云：'以臭物可以修饰形容，故谓之容臭。'"

香囊又称香袋、香包、容臭等，是一类配饰，因在囊中盛放香物，使其香气氤氲而得名。

早在春秋战国时期，香囊的雏形和佩戴香囊的风俗便已出现。《定情诗》中的"何以致叩叩，香囊系肘后"一句，说明在汉魏时期，香囊便可用来表达爱意。

湖南长沙马王堆汉墓出土了四件比较完整的香囊，其中有一件黄褐色对鸟菱纹绮地信期绣香囊，呈上方下圆中间收窄的形状，通长 50 厘米，口径 19 厘米，与今天小巧精致的香囊大相径庭，笔者时常怀疑这到底是香囊还是枕头。

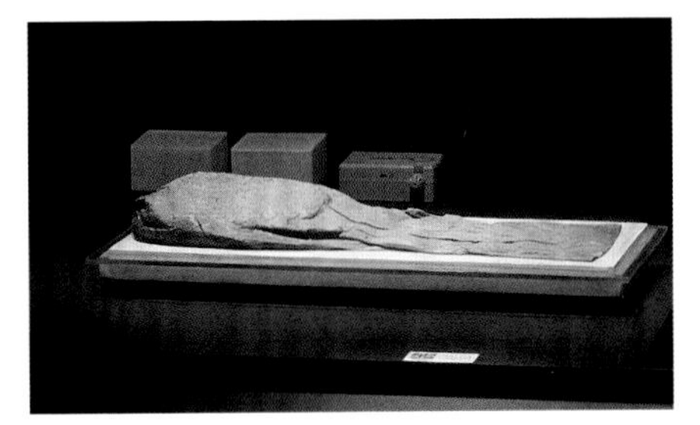

▲ 西汉绮地信期绣香囊（作者摄于湖南博物院）

晋陆翙《邺中记》中记载石虎悬挂在床帐上的香囊："石虎作流苏帐，顶安金莲花，花中悬金薄织成绾囊，囊受三升，以盛香注。帐之四面上十二香囊，彩色亦同。"根据"囊受三升"推断，石虎悬挂的香囊比较大，并不能悬挂在腰间。

魏晋南北朝时期，人们一般将香囊悬挂在腰间，"香囊系肘后"说的是香囊位置在肘后附近，而不是直接挂在肘后。此外，肘后也不一定就是字面意义上的手肘后方，东晋葛洪的《肘后备急方》中也有"肘后"二字，是指"放在身边，方便易得"。

香囊不一定由布料制成，陕西西安沙坡村窖藏出土了一件由金属制成的香囊，该香囊由两个半球组成，有子母扣可以闭合。值得称道的是，该香囊在使用时，无论如何滚动，内部的香盂始终保持水平状态。

（五）跳脱

宋代李昉等撰写的《太平广记·博物》记载："（唐文宗）又一日问宰臣：'古诗云：轻衫衬跳脱。跳脱是何物？'宰臣未对，上曰：'即今之腕钏也。'《真诰》言，安姑有斫粟金跳脱，是臂饰。"

跳脱也称条脱、挑脱等，是一种螺旋式臂饰，由金属拉伸成条状再绕成螺旋形而成，螺旋圈数不定。跳脱与臂钏类似，但是常戴于小臂、手腕处，所以可看作"腕钏"。

魏晋南北朝时期，人们使用臂钏比较多，跳脱在隋唐至宋朝比较流行，从《步辇图》《簪花仕女图》中戴跳脱的女性形象可以看出，跳脱的款式也得到空前的发展，除了简单的圆环形，还出现了绞丝形、辫子形、竹子形等造型。

▲ 西晋银跳脱描摹图（根据南京博物院藏文物绘制）

► 《簪花仕女图》中戴跳脱的仕女

（六）搔头

清王念孙《广雅疏证》释文记载："擿（zhì），搔也。擿，训为搔，故搔头谓之擿。"

搔头又称"揥"（tì），是一种介乎簪、钗之间的首饰，尾端有细齿，齿数多为七，诞生于周，流行于汉，后逐渐消失，这与女子发髻由垂髻转为高髻有关。

搔头除了用于装饰，还可用于"抓头"和"洁发"。"抓头"即当头皮瘙痒时以之搔头抓挠以解痒，汉刘歆《西京杂记》记载："武帝过李夫人，就取玉簪搔头，自此后，宫人搔头皆用玉，玉价倍贵焉。""洁发"即利用搔头末端的细齿刮去发垢，类似于今天的篦子，清桂馥《札朴》记载："擿、搔，为会发絜（通"洁"）发之具也。"

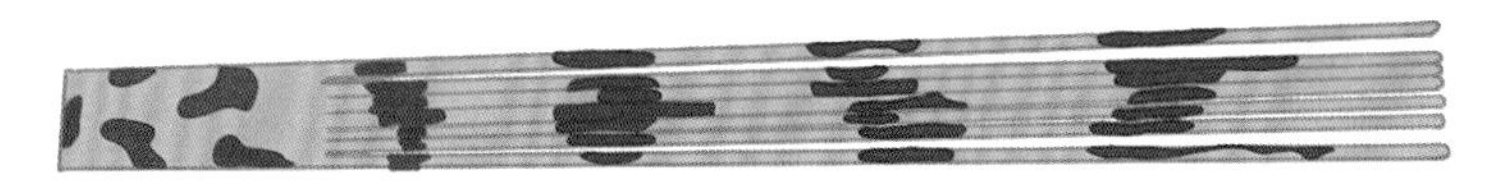

▲ 玳瑁七齿搔头

搔头的佩戴方法比较简单，直接将其贯穿垂髻即可，山东省莱西市岱墅西汉木椁墓出土的女墓主发髻即如此，也有利用多根搔头固定发髻的情况，湖南长沙马王堆汉墓主辛追夫人反绾至头顶的发髻用了三根搔头固定。

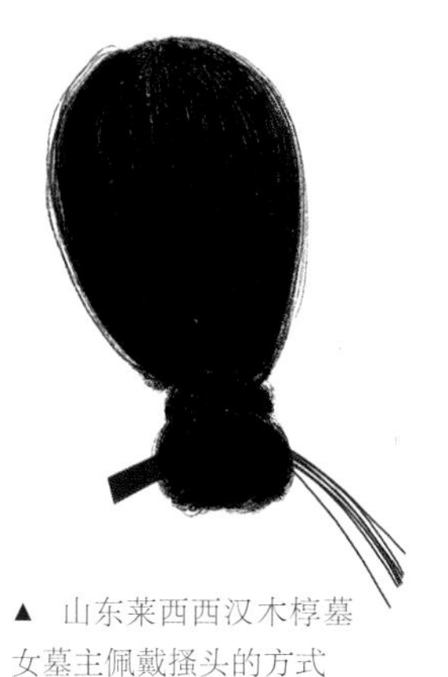

▲ 山东莱西西汉木椁墓女墓主佩戴搔头的方式

▲ 辛追夫人佩戴搔头的方式

▲ 东海郡贵族凌惠平出土带搔头的发髻

（七）玳瑁簪

玳瑁又称文甲，是一种海龟。古人认为佩戴玳瑁的背甲有解毒辟邪的作用，所以经常用玳瑁做成各类贴身物件随身携带。成年玳瑁的甲壳呈半透明的黄褐色，利用玳瑁制成的发簪色泽莹润、花纹艳丽。

簪、钗虽然经常连用，但其实是两种不同的首饰。《释名 · 释首饰》记载："簪，兓（qīn，通骎）也，以兓连冠于发也。又枝也，因形名之也"。《说文解字 · 金部》记载："钗，笄属。从金叉声。本只作叉，此字后人所加。"由上可知簪和钗的形制不同，主要区别是股数不同，簪为一股，钗为两股。

◀ 骨簪描摹图（根据甘肃省博物馆藏文物绘制）

▲ 银钗描摹图（根据南京博物院藏文物绘制）

▲ 玉钗描摹图（根据中国国家博物馆藏文物绘制）

（八）五兵佩

梁沈约《宋书 · 五行志》记载："晋惠帝元康中，妇人之饰有五兵佩。又以金、银、象、角、玳瑁之属为斧、钺、戈、戟而载之，以当笄。"

五兵佩是流行于晋朝的一类首饰，由金、银、玳瑁等做成斧、钺、戈、戟等形状的发笄。江苏南京仙鹤观东晋墓曾出土钺形金笄，应是五兵佩的一种。

▲ 南京仙鹤观东晋墓出土五兵佩描摹图

六、女性服饰——上襦下裙，一袭深衣

（一）上襦下裙

《说文解字·衣部》记载："襦，短衣也。"

襦裙是魏晋南北朝时期非常普遍的女性常服，为上衣下裳制。

襦即短上衣，穿着时一般将衣摆束在下裙内，这种穿法被称作"裙掩衣"；也有将上襦穿在下裙外的，这种穿法被称作"衣掩裙"，例如江苏南京姚家山东晋墓砖画中的女像便是直接将襦穿在裙外且没有系腰带。通过观察这类图像，可以发现上襦长度一般至腰腹部。

这一时期的上襦，袖型既有阔袖且有袪的，也有直袖的；既有大襟右衽的，也有对襟直领的；既有单层的，也有夹层或絮绵的。一般来说，上襦的领和袖都有与衣服本身颜色不同的材料作为缘，上襦与下裙取异色以提升美观度，如《陌上桑》所述："湘绮为下裙，紫绮为上襦。"

新疆营盘汉晋墓出土了一件绮夹襦和一件绢夹襦。绮夹襦衬里由本色绢制成，袖中镶缝朱红色绢，领、襟处缀绢带，下摆处依次用大红绢、绿绢、贴金黄绢、棕色绢作缘边，其余部分由绮制成。该襦身长约 80 厘米，袖残长约 92 厘米，圆领阔袖，衣襟左掩且两襟下接缝尖角形下摆，穿着时尖角形下摆交叠，十分有特点。绢夹襦与绮夹襦形制相似，但是袖子宽大且下摆更尖更长。

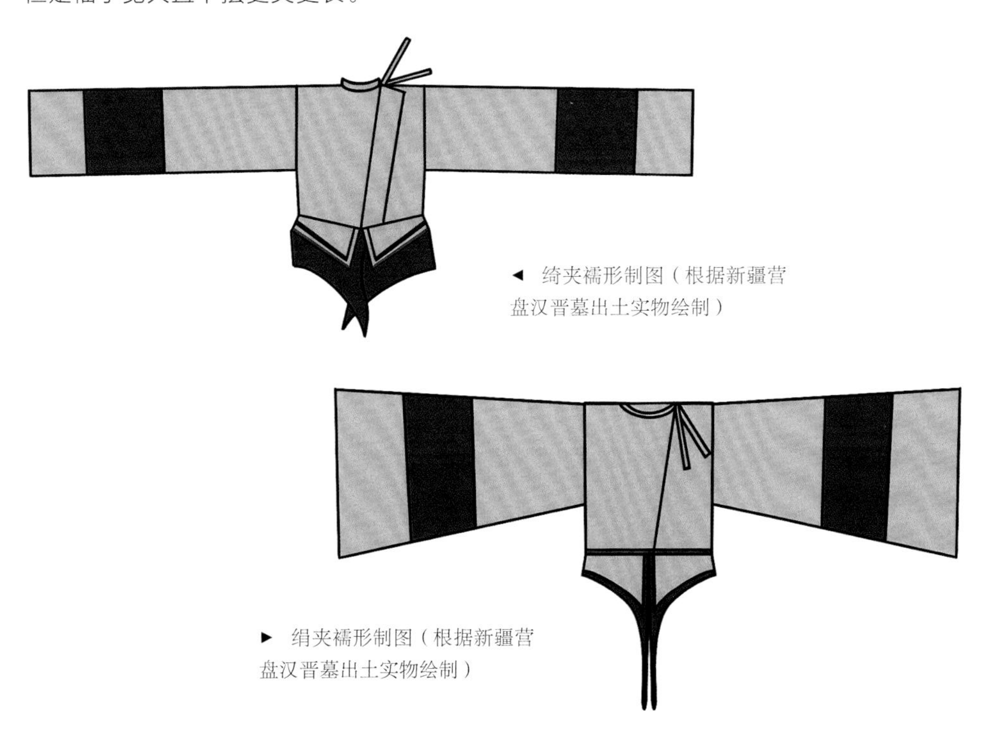

◀ 绮夹襦形制图（根据新疆营盘汉晋墓出土实物绘制）

▶ 绢夹襦形制图（根据新疆营盘汉晋墓出土实物绘制）

内蒙古乌兰察布市四子王旗城巴子北魏墓出土了一件双色直领对襟襦，该襦以腰部为界，上下异色，两色拼接处右侧有一根与下部颜色相同的短带。

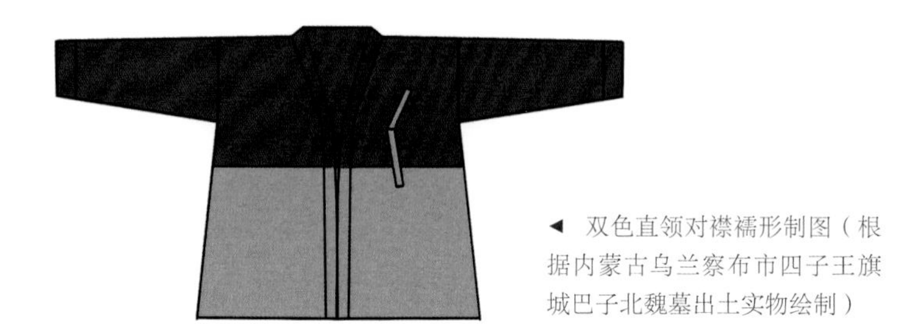

◀ 双色直领对襟襦形制图（根据内蒙古乌兰察布市四子王旗城巴子北魏墓出土实物绘制）

有些人在穿襦裙时还会搭配围裙和抱腰等，围裙相比于抱腰长度更长，仅短于下裙，围于下裙腰间，一般裙褶密集、质地轻盈。围裙和抱腰与襦裙搭配，可以令其更具层次感和装饰性。这一时期还有一种特殊的穿着方式被称作“厌腰”，《晋书·五行志上》记载：“武帝泰始初，衣服上俭下丰，著衣者皆厌腰。”根据高春明、周汛等学者考证，“厌”繁体字通“压”，所以“厌腰”其实是“压腰”，是一种先将上襦下摆掖进裙里，然后将上襦下摆翻出一部分，复压在裙腰上的穿着方式，穿着效果如下图所示。

▲ 襦裙的三种穿着方式

通过分析新疆营盘汉晋墓出土绮夹襦、绢夹襦形制和厌腰的穿着效果，笔者大胆猜测，厌腰这一穿着方式很有可能是为了模拟交叠的尖角形下摆。

综合来说，这一时期的上襦形制比较灵活，女性按照实际生活情况缝制上衣，经济条件好些但仍需要劳动的缝制有“祛”的阔袖短襦，经济条件差些的为节省布料缝制直袖短襦。

▲ 陕西西安唐李寿墓出土石刻中的“厌腰”形象线描图

头梳垂髾髻、身穿大袖襦裙和围裙、抱腰的贵妇

（二）深衣

深衣是先秦至汉流行的服饰，魏晋南北朝时仍然有人穿着，其特点是上下一体，但并非一体通裁，而是上下别裁，然后缝制在一起。

▲ 身穿深衣的木雕人俑（作者摄于湖南博物院）

《礼记·深衣》记载："古者深衣，盖有制度，以应规矩，绳权衡。短毋见肤，长毋被土，续衽钩边，要缝半下。袼之高下，可以运肘；袂之长短，反诎之及肘。带，下毋厌髀，上毋厌胁，当无骨者。制十有二幅，以应十有二月。袂圜以应规，曲袷如矩以应方；负绳及踝以应直，下齐如权衡以应平。故规者，行举手以为容；负绳抱方者，以直其政，方其义也。故《易》曰：'坤六二之动，直以方也'。下齐如权衡者，以安志而平心也。五法已施，故圣人服之。故规矩取其无私，绳取其直，权衡取其平，故先王贵之。故可以为文，可以为武，可以摈相，可以治军旅，完且弗费，善衣之次也。具父母、大父母，衣纯以缋；具父母，衣纯以青；如孤子，衣纯以素。纯袂、缘、纯边，广各寸半。"

所谓"短毋见肤，长毋被土"，即深衣长短应该适中，既不能露出小腿，也不能拖在地上被泥土沾污。

所谓"续衽钩边，要（腰）缝半下"，即将衽连在裳的两旁，让深衣腰部收小，使腰宽为下摆的一半。

所谓"袼之高下，可以运肘"，即深衣腋下袖缝的高低应该以令胳膊活动自如为准。

所谓"袂之长短，反诎之及肘"，即深衣袖子在手以外的部分，以反折过来刚到手肘最佳。

所谓"带，下毋厌髀，上毋厌胁，当无骨者"，即深衣腰间大带位置应该合适，在肋骨下方、股骨上方。

深衣的裁制方式为上下各六片衣片，合为十二衣片，寓意一年有十二个月。

深衣袖口圆、领口方、背缝直、下摆平，分别代表着四个为人之理，即有礼、方正、正直、公平。

深衣领口、袖口、衣摆处都有缘饰，宽约 5 厘米，缘饰颜色在一定程度上可以传达出穿者的个人信息。例如若父母、祖父母皆健在，应该穿用五彩布帛镶边的深衣；若父母双全但祖父母不在，应该穿青色布帛镶边的深衣；若父母亲都不在，应该穿白色布帛镶边的深衣。

魏晋南北朝时期，由于曲裾深衣活动不便，所以袍服取代深衣成为主流服饰。然而，虽然男性已经基本不穿深衣，但女性还是将深衣作为礼服，在平时也有穿着。但毕竟深衣不便活动，所以不如襦裙流行。汉郑玄《仪礼注疏·士昏礼》载：“不言裳者，以妇人之服不殊裳。是以《内司服》皆不殊裳。彼注云‘妇人尚专一德，无所兼，连衣裳不异其色’是也。”

头梳缕鹿髻、身穿深衣的贵妇

七、伏鸠头履子——蒲草编织，鞋底轻薄

唐王叡《炙毂子杂录·靸鞋舄》记载：“西晋永嘉元年，始用黄草为之，宫内妃御皆着之，始有伏鸠头履子。”

履子即拖鞋，伏鸠头履子也称鸠头、仙飞履等，是一种用蒲草编织而成、鞋底轻薄、没有后跟的拖鞋，因鞋尖上装饰伏鸠头而得名，多为宫娥嫔妃穿着。最早出现于西晋，隋唐时期仍然流行。

◂ 伏鸠头履子（根据文献描述绘制）

八、解脱履——无跟拖鞋，室内穿着

《炙毂子杂录·靸鞋舄》记载：“梁天监中，武帝以丝为之，名解脱履。”

这是一种用丝帛制成的无跟之鞋，类似于现代的拖鞋，一般在室内穿，轻便且容易穿脱，古时多为宫娥妃嫔所穿。

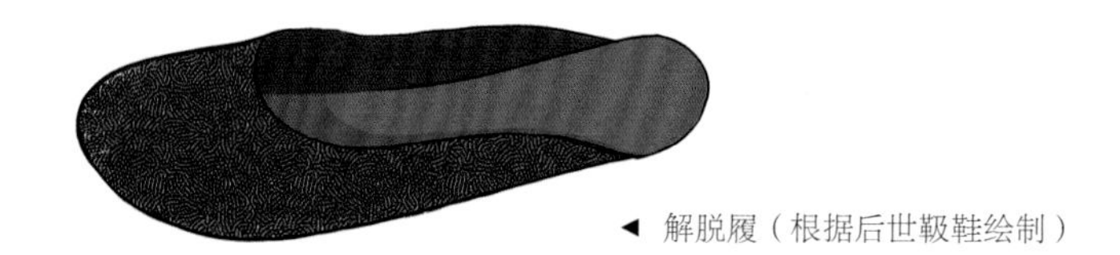

◂ 解脱履（根据后世靸鞋绘制）

场景七　贵妇在侍女的陪伴下出游踏青

阳春三月，草长莺飞，两位贵妇在侍女的陪伴下出游踏青，享受春光。一位贵妇头梳飞天髻，身穿白练衫和丹袖裲裆，腰间用宽腰带勒紧，显出纤细的腰肢，脚穿笏头履。另一位贵妇头戴黑色垂裙圆顶风帽，身穿黄色圆领衣和交领窄袖及地长袍，外披红色桃状忍冬纹小袖式翻领披风，也穿笏头履。为了避免风尘迷眼，侍女张锦布帐以挡风。

一、飞天髻——头顶抽鬟，势若飞天

《宋书·五行志》记载："宋文帝元嘉六年，民间妇人结发者，三分发，抽其鬟直向上，谓之'飞天紒（jì）'，始自东府，流被民庶。"

飞天髻又称"飞天紒"，是受佛教飞天发髻影响而出现的一类发型，始出现于南朝宋，是南朝时期女性的流行发式，其特点是头发在头顶盘成直立的圆环，开始是"三环飞天髻"，后来出现了"多环飞天髻"。顾恺之《斫琴图》中站立的女子的发型便是"三环飞天髻"，河南郑州南北朝《贵妇出游图》画像砖中贵妇发型为"单环飞天髻"，河南邓县南北朝墓飞天壁画中的女子发型为"多环飞天髻"。

飞天髻的梳法非常简单，首先将所有头发聚到头顶，然后分成多股，每股头发挽成圆环形固定即可。如果发质比较硬，则头发可以直立，若发质比较软，则需要借助一些道具实现直立。

▲《斫琴图》中梳三环飞天髻的女子

▲ 南北朝《贵妇出游图》画像砖线描图

二、垂裙圆顶风帽——圆顶垂裙，遮风挡寒

（一）风帽

1. 风帽的形制

风帽又称鲜卑帽、突骑帽、博风帽、长帽等，是一种戴在头上用于遮风挡寒的帽子，秦汉时期多由北方少数民族使用，魏晋南北朝时期成为中原地区老少皆宜、男女皆可戴的帽子。

风帽由帽屋和帽裙两部分组成，帽屋是风帽的主体，帽裙是指帽缘周围下垂的部分。根据帽屋的形状，可以分为圆顶风帽和尖顶风帽两类。其中圆顶风帽的帽屋比较高大，帽子中间有一圈扎带，多扎在脑后，可系可不系；尖顶风帽的帽屋比较小且尖，帽后垂裙比较窄。

女性和男性的风帽在形制上基本相同，但是女式风帽一般帽顶会微微下凹。

▲ 山西大同智家堡北魏墓石椁壁画中戴女式风帽的贵妇描摹图

2. 风帽的材质

魏晋南北朝时期，人们一年四季都可以戴风帽，但是不同情况下所戴风帽的材质不同。这一时期，风帽常见材质为兽皮、毡、绢、绮等，其中由兽皮、毡制作的风帽保暖性能比较好，适合在寒冷天气戴；由绢、绮制作的风帽轻盈柔软，适宜在相对温暖的天气戴。

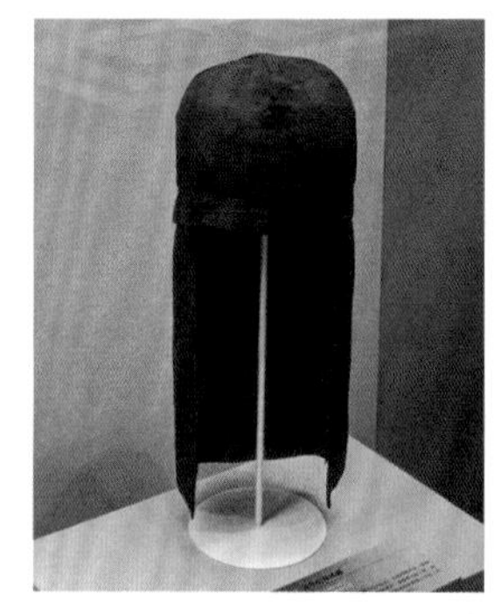

▲ 北朝对鸟纹绮风帽（现藏于中国丝绸博物馆）

由于兽皮比较昂贵，所以兽皮制作的风帽多由贵族享用。当时的兽皮风帽不同于现代的皮革帽，现代的皮革帽一般表面有动物皮毛，而这一时期贵族佩戴的兽皮风帽，皮毛是在里面的。

中国丝绸博物馆馆藏一件北朝对鸟纹绮风帽，该风帽由对鸟纹绮织物制成，帽顶呈半球形，耳侧至脑后约三分之二处下垂帽披，帽披长达 40 厘米，头顶两侧、面颊两侧各缝有绢带用于脑后、颌下打结固定。

3. 风帽的装饰

魏晋南北朝时期的风帽颜色主要为黑色和红色，其中日常生活中的风帽绝大多数是黑色，红色风帽多用于重大节日或仪仗队中。这一时期的风帽多为纯色，形制规整，整体看来稍显朴素，但也有例外。新疆民丰尼雅遗址 1 号墓出土的魏晋凤头形绢帽正前方有形如“凤头”的造型物，凤的颈部有蓝黑色图案，但是据复原人员推测，该风帽不适用于日常穿戴，应该仅用于祭祀、殡葬等场合。

▲ 山西大同沙岭北魏墓漆画中缝缀小金珠的风帽描摹图

有些贵族会在风帽上缝缀珠宝以彰显身份，例如山西大同沙岭北魏墓漆画中男女主人的风帽上缝缀着小金珠，小金珠拼成连珠纹。

（二）垂裙圆顶风帽

垂裙圆顶风帽是传统的鲜卑族服饰，指的是帽屋为圆形，自两鬓起至后脑帽缘下垂有披肩帽裙的风帽。该风帽可由一块面料裁剪制成，只有一条竖直的中缝。

三、裲裆衫——内衣外穿，风靡一时

《隋书》记载："正直绛衫，从则裲裆衫。"

裲裆本是内衣，后来逐渐可以穿在交领之外作为中衣。到南北朝时期，裲裆外穿的情况已经比较普遍，一般穿在大袖衫之外，裲裆和大袖衫被合称为"裲裆衫"。

南朝《琅琊王歌辞》中有"阳春二三月，单衫绣裲裆"的诗句，描写的便是阳春三月，人们在单衫外加一件刺绣裲裆的装扮。北魏孝文帝迁都洛阳后，裲裆衫还一度成为官员朝服。河北磁县湾漳北朝大墓出土的大门吏俑便是裤褶服外罩裲裆的装扮，广袖褶衣和外罩裲裆均是朱红色，腰部用来扎紧固定裲裆的腰带是白色的。

裲裆衫男女皆可穿，但是形制存在差别。

1. 女式裲裆衫

河南邓州市南朝贵妇出游画像砖中的贵妇穿的很有可能就是裲裆衫，但是因为参考资料较少，所以关于裲裆是穿于大袖衫内还是大袖衫外，仍存在争议。笔者认为，画像砖中贵妇穿着的裲裆是在大袖衫之外，且与做内衣穿的裲裆存在较大区别，更像是男式裲裆衫。证据有三：一是贵妇的整体着装形象与裲裆前片上缘过肩的男式裲裆衫形象类似，但不排除工匠因为能力有限将南北朝流行的敞领广袖襦刻成了这一比较奇特的形状；二是南北朝时期出现了由裲裆发展而来的双肩背带裙，其中北齐张海翼墓出土的身穿背带裙的女俑（图见第四章场景十三）的肩部细节与画像砖中贵妇肩部细节非常像；三是东晋干宝《搜神记》中出现女鬼"着白练衫，丹绣裲裆"，《琅琊王歌辞》中也有"阳春二三月，单衫绣裲裆"的诗句，都将衫放在裲裆之前且再无其他描述，应该是出现了将裲裆穿在最外面的情况。

▶ 关于裲裆衫穿着方式的推测

头梳双环飞天髻、身穿裲裆衫的贵妇

宽大的裲裆衫与潇洒的大袖衫搭配，再用宽腰带勒紧腰腹，更显贵妇腰肢之纤细。根据出土衣物疏中的描述，女式裲裆衫一般由绢、练、罗、锦等面料制成，很多都绣有花纹。

2. 男式裲裆衫

男式裲裆衫的出土文物和画像很多，所以可以很准确地对其形制加以描述。男式裲裆衫一般与小冠、圆领衣、裤搭配，裲裆前片上缘呈圆弧状，且中间下凹、整体过肩，后片上缘有近似三角形的凸起，应该是为了保护后颈而设计的，前片和后片依靠两肩处的革带相连。

▶ 外穿裲裆的文官俑（南陌摄于洛阳博物馆）

四、小袖式翻领披风——小袖翻领，北魏流行

（一）小袖披风

披风是指披在肩上的外衣，与裹衫（一种由轻薄面料制作而成的服饰，第三章有详细描述）类似，都是用于抵御风寒的衣物。魏晋南北朝时期的披风有单层、双层、夹层絮棉等多种形制，夹层絮棉的披风也称“斗篷”。北朝贵族所穿的披风颜色鲜艳，多在领口和袖口处缝缀裘毛，披风内搭配大袖袍服。

披风这一称呼多见于元朝之后，魏晋南北朝时期的史书、诗文、衣物疏等文献中还未见“披风”一词，但是壁画中出现了与元代以后披风的形制、功能非常接近的服装，故暂且将其称为披风。

披风流行于北朝，有圆领对襟、翻领对襟等形制，一般都带有小袖，但仅做装饰用。北朝流行的小袖披风有两种，一种是小袖翻领披风，例如敦煌莫高窟北周壁画中骑在马上的人所穿的披风；一种是小袖圆领披风，例如山西大同云波里路北魏墓壁画中墓主人穿的披风，两者区别仅在于领型。

小袖式翻领披风的形制特点为平袖、翻领，小袖一般仅做装饰用，衣长至膝，领口留有细带可以扎紧，衣襟和下摆都有异色缘饰，男女皆可穿着。

◀ 敦煌莫高窟北周壁画线描图

▲《北魏贵胄出行图》中穿小袖圆领披风的人物形象（现藏于大同市博物馆）

► 小袖式翻领披风形制图（根据图像资料推测绘制）

（二）红色桃状忍冬纹

红色桃状忍冬纹是山西大同云波里路北魏墓壁画中的重要装饰元素，不仅出现在壁画空白区域，还出现在服装上。

忍冬纹是一种流行于魏晋南北朝时期的缠枝纹，因形似忍冬而得名。忍冬是一种常绿藤本植物，也称金银花、鸳鸯藤，单叶对生，花瓣和花蕊向外延伸弯曲，看起来非常飘逸。忍冬纹取材于忍冬花瓣和花蕊的形状，以 S 形为基本骨架，与汉代卷云纹比较相像。

桃状忍冬纹由桃心图案和忍冬纹图案构成，桃心按照首尾相接的方式连续排列，桃心内部包含一个正面三瓣忍冬纹，桃心四周分布着四个水滴状图案。除山西大同云波里路北魏壁画外，云冈石窟门口的石柱上也刻有排列整齐的桃状忍冬纹。

◄ ①山西大同云波里路北魏墓壁画中的桃状忍冬纹披风描摹图

◄ ②山西大同云冈石窟第 6 窟门口石柱上的彩色桃状忍冬纹

头戴风帽、身穿红白条纹对襟袍和桃心忍冬纹小袖翻领披风的贵妇

五、短勒毡靴——毛毡材质，防风防水

《释名·释衣服》记载："靴，跨也，两组各一以跨骑也。本胡服，赵武灵王服之。"

（一）靴

靴是一种连筒鞋，一般以皮革制成，鞋筒在这一时期被称作"勒"（yào），因此根据鞋筒长短可以将靴分为长勒靴和短勒靴。长勒靴一般及膝，短勒靴一般及脚踝上三寸（约10厘米）。

魏晋南北朝时期，靴多用于军旅中，但也有人日常穿着，例如唐李延寿《南史·陈庆之传》中记载了南朝梁将领陈庆之之子陈暄的穿着："玉帽簪插髻，红丝布裹头，袍拂踝，靴至膝"，虽然是作为不规范的典型来描述的，但也说明靴的应用场合并不局限于军中。

制作靴的材料主要为皮革，常用的皮革原料为牛皮、虎皮、麂皮、羊皮、鹿皮等，其中牛皮是应用比较多的。《南史·萧琛传》中就记载萧琛在游园时穿着虎皮靴。

（二）红色毛褐刺绣几何纹短勒毡靴

新疆尼雅遗址出土了一双红色毛褐刺绣几何纹短勒毡靴，该毡靴虽然出土时靴面大面积缺失且靴底损坏严重，但是西北地区的研究人员利用文献、实物资料对其进行了复原。复原后的毡靴靴底材料为皮革，鞋面材料为毛毡、绢和锦，靴头部位向前方凸出，靴底贴合足弓，可以看作是后世高跟鞋的滥觞。

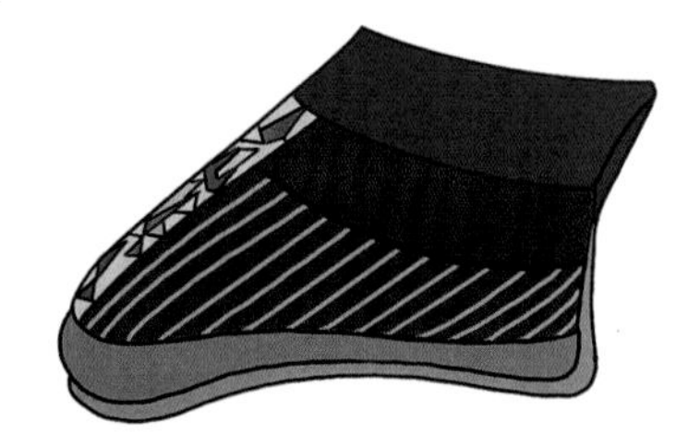

▶ 新疆尼雅遗址出土红色毛褐刺绣几何纹短勒毡靴描摹图

六、步障——移动屏风，遮私挡羞

《晋书·石崇传》记载："（石崇）与贵戚王恺、羊琇之徒以奢靡相尚……恺作紫丝布步障四十里，崇作锦步障五十里以敌之。"

步障是一种用于遮蔽风尘和视线的屏障，由锦、绫等面料制作而成。步障出现于晋代，是贵族女眷出门的必备之物，为的是遮在道路两旁，不让行人看见。唐李震墓壁画中侍女肩上扛的巨物便是一种步障。

步障与屏风的作用类似，主要区别在于步障方便移动。使用步障时，需要先在地上竖起漆竿作为立柱，然后在柱头上牵拉绳索，最后在绳索上悬挂丝织物用于遮挡视线。上文提到的《晋书·石崇传》中记载石崇与王恺斗富，王恺用紫丝做四十里的步障，石崇则用锦绣做五十里的步障；其他还有《晋书·列女传》中记载才女谢道韫用青绫做步障；以及南朝梁萧子显撰《南齐书·东昏侯纪》记载东昏侯用绿红锦做步障。

◀ 陕西咸阳唐李震墓壁画中的步障

场景八　贵族女子秋日登高

秋季来临，天高气爽，众女郎约好趁着天气好去登山，一位女郎一早起来便给自己梳了俏皮的倭堕髻，然后对着镜子为今天穿什么发起了愁。什么衣服既便于登山，又兼顾保暖呢？她先是穿上一领白练衫和一条云燕纹碧绢裈，然后在白练衫外套一件格子纹短绿襦，在碧绢裈外套一条双头鸟纹拼色绯绣裤，又在短绿襦外面穿了一件星月纹绯罗绣裲裆，最后在裲裆外套一件紫缬襦，在绯绣裤外穿一条绯碧间色裙，脚上穿缀珠红丝履。正欲出门，忽然想到秋风凉爽，便又戴上一枚绀缯头衣。

一、倭堕髻——似堕不堕，灵动俏皮

两汉乐府诗《陌上桑》云：“头上倭堕髻，耳中明月珠。”

1. 倭堕髻

倭堕髻是一种流行于汉魏贵族女子中的发型，与堕马髻类似，晋崔豹在《古今注·杂注》中记载：“堕马髻，今无复作者。倭堕髻，一云堕马髻之余形也。”这说明倭堕髻是堕马髻的一种变体，堕马髻曾在汉朝流行，但魏晋时期的贵族女子已经很少梳了，纷纷梳倭堕髻。

2. 堕马髻

根据南朝宋范晔《后汉书》的记载，堕马髻是东汉大将军梁冀的妻子孙寿设计的，孙寿好“作愁眉，啼妆，堕马髻，折腰步，龋齿笑”，引领了一时的风潮。魏晋时期的倭堕髻是否也与愁眉、啼妆搭配，目前尚不可知。

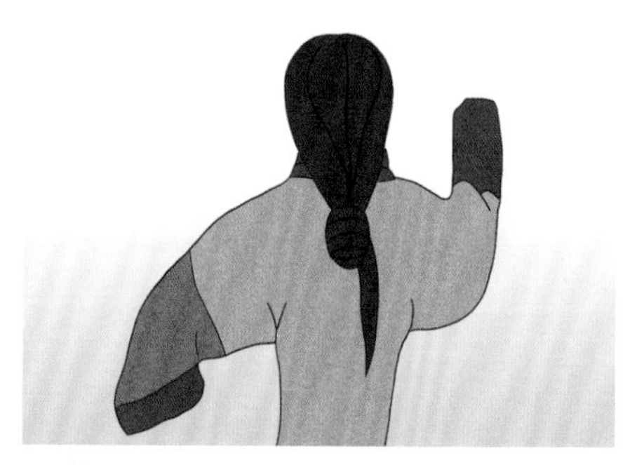

▲ 梳堕马髻的汉代女俑描摹图（根据汉景帝阳陵博物院馆藏文物绘制）

3. 倭堕髻的演变

汉代堕马髻模拟的是堕马后头发蓬松散乱的状态，梳法为将头发中分向后扎，挽结后披散在背上，从发髻中分出一绺头发下垂。到魏晋及唐，堕马髻演变为倭堕髻，形成头顶发髻歪在一侧的新形态。

河南洛阳永宁寺出土的女俑梳的应该就是倭堕髻，该发髻的特点是不对称，一缕发束垂在一侧，似堕不堕，行动起来时，下垂的发束摇摇晃晃，俏皮可爱。唐张萱《虢国夫人游春图》中的贵妇也梳着倭堕髻，发髻斜向一边，将倾未倾。

▲ 河南洛阳北魏永宁寺梳倭堕髻的少女俑（爱吃肉的小葛摄于中国考古博物馆）

4. 倭堕髻的梳法

倭堕髻的梳法比较简单，先将所有头发聚到头顶扎成主髻，然后从主髻的一侧分出发束，盘成环状后再重新掖回主髻。从出土女俑的发型来看，一般都将抽出的发束垂在右侧。

▶ 《虢国夫人游春图》中梳倭堕髻的贵妇

二、白练衫——柔软洁白，贴身穿着

《释名·释衣服》记载：“衫，芟（shān）也。芟末无袖端也。”

1. 衫

衫是一种袖不施祛，制为单层的服装，可贴身穿，多由麻、葛、绫、罗、丝、绵等材质制成，一般袖口宽大且对襟，男女皆可穿。在夏季，人们常将衫穿在最外层。

2. 白练衫

练衫即用练制作的衫。练是我国古代比较常见的一种丝织品，由生丝织造而成，为平纹丝织物，因织成后经过了煮熟、脱胶等工序，所以比较柔软，更适宜贴身穿着。因为没有染色，所以呈现白中微微泛黄的原始颜色，很受人们欢迎。

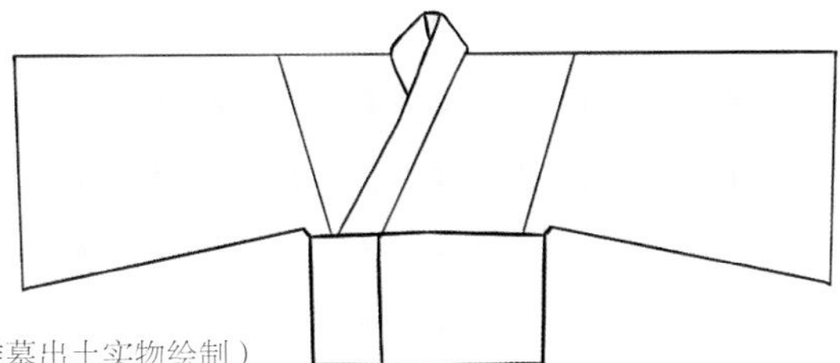

► 白练衫形制图（根据甘肃花海毕家滩墓出土实物绘制）

三、云气狮纹碧绢裈——贴身内裤，腰胯一体

颜师古注西汉史游《急就篇》记载：“合裆谓之裈，最亲身者也。”

1. 裈

裈是贴身穿的一种内裤，有裆，能够遮盖腰和胯下，且腰和胯下部分是一体的。裈除了可以作为内裤，还可以作为穷人的“外裤”，《史记·司马相如列传》中曾记载一种名为“犊鼻裈”的裤装，“犊鼻裈”是一种形如小牛鼻的服饰，由三尺布制作而成，布绕过胯下，形似犊鼻，因而得名。

由于裈是贴身衣物，为了舒适，一般由练制过的熟绢制成。

▲ 山东沂南汉墓壁画中身穿犊鼻裈的男子线描图

2. 碧绢裈

甘肃花海毕家滩墓出土了一件碧绢裈，该碧绢裈由两部分组成：一是条状的双层腰头，宽约 3 厘米；一是长方形的裈片，素绢镶边，宽约 20 厘米，缝制在腰头偏右的位置。穿着时需要先将腰头围起来于右侧打结系住，然后将碧绢裈下部回折到后面并与腰带相连，做法可能是直接掖进腰带再抽出，以保证不会掉落。

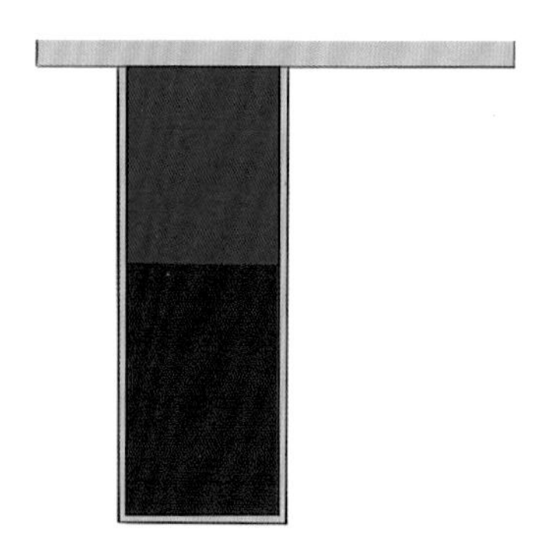

▲ 碧绢裈形制图（根据甘肃花海毕家滩墓出土实物绘制）

碧绢裈由素绢、碧绢和织锦三种面料制作而成。绢是魏晋南北朝时期比较容易获得的丝织物，广泛用于服饰制作；锦是一种比较珍贵的面料，由染色丝线通过结构变化来呈现图案。素绢用于制作腰头和裈片镶边，碧绢和织锦用于制裈片。根据出土残片猜测，碧绢裈片用于遮挡身体前面，织锦裈片用于遮挡身体后面。

3. 云气狮纹

云气纹是汉代典型纹样，魏晋南北朝时期仍旧流行，但是这一时期的云气纹多与西域等地的动物纹结合，形成画面更丰富、风格更拙朴的云气动物纹。云气狮纹是一种组合纹，由云气纹和狮纹组成雄狮踏祥云的图案，新疆出土的一件北朝纱织物上绣的便是云气狮纹。

▲ 云气狮纹（根据新疆阿斯塔那墓出土北朝纱织物绘制）

四、几何纹短绿襦——交领短衣，下端施要

颜师古注《急就篇》记载：“短衣曰襦，自膝以上。一曰短而施要者襦。”

1. 襦

襦是一种短衣，最长不过膝盖，过臀的襦被称作长襦，长至腰部及腰部以上的襦被称为短襦或腰襦。因为襦无法完全遮蔽身体，下身必须搭配裙或裤等，所以合称襦裙、襦裤等。

襦的领口有圆领、交领、直领、广领等，袖有宽袖、窄袖、广袖等，可以根据需求和喜好选择并裁制。

襦裙是魏晋南北朝时期女性最常见的搭配，襦可以塞进裙中，也可以垂在裙外。从江苏南京姚家山东晋晚期墓出土侍女浮雕的衣着来看，魏晋时期的上襦长度多到腰腹部，袖型多为宽直袖，上襦不束入下裙，下裙及地且比较膨大，显示出“上简下丰”的特点。南朝人喜爱飘逸，所以出现了广袖上襦、广领上襦等变体，上襦束入下裙内的情况增多。

2. 短绿襦

甘肃花海毕家滩墓出土了一件短绿襦，该绿襦非常有特点，其领襟上部比较平直，下部起弧，衣片下方有长方形接布，与袖连接处和袖口处由竖直长条异色面料拼接，极大提升了该短绿襦的美观度。

短绿襦由绿绢、素绢、紫缬、红缬四种面料制作而成。缬是指有花纹的丝织物，此处紫缬、红缬是指经绞缬染色的花纹紫绢、红绢。衣片由绿绢制作，衣片下的接布由素绢制作，领缘由素绢和紫缬拼接制作，与袖连接处的竖直长条由红缬制作，袖口处的竖直长条由素绢制作，袖缘由绿绢、紫缬和红缬拼接制作。可以发现，该短绿襦的制作工艺非常复杂，普通女性是没有条件穿的。

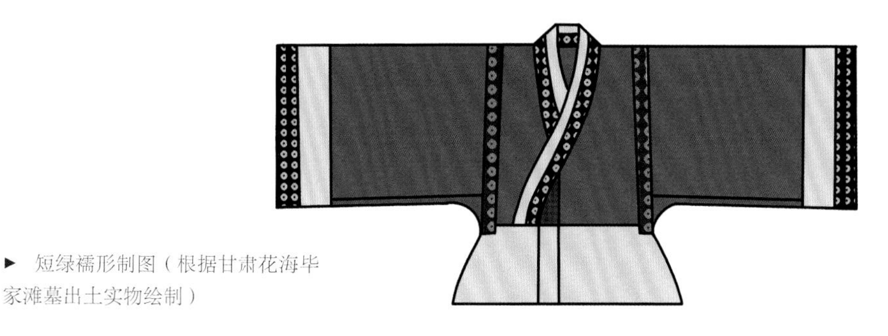

► 短绿襦形制图（根据甘肃花海毕家滩墓出土实物绘制）

3. 几何纹

几何纹是魏晋南北朝时期比较流行的一种纹样，一般由三角形、长方形、正方形等几何形状搭配组合而成。新疆尼雅遗址出土短靿毡靴鞋面上的纹样便是一种几何纹，该几何纹由三角形、四边形、山形和卷草纹组成，通过改变相邻纹样的位置，呈现一种既多变又规则的视觉效果，颜色丰富，鲜艳夺目。

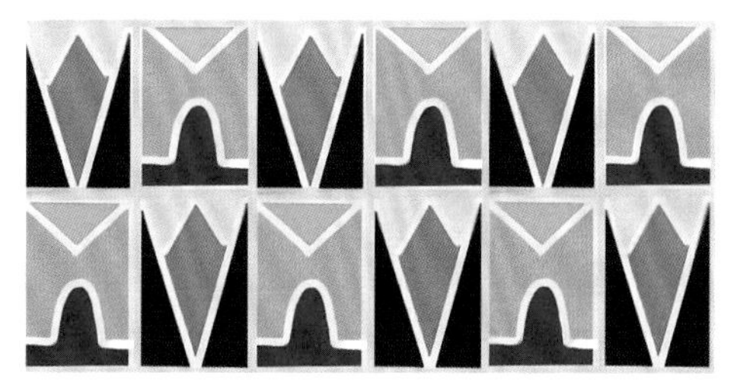

▲ 几何纹描摹图（根据新疆尼雅遗址出土短靿毡靴鞋面图案绘制）

五、双头鸟纹拼色绯绣裤——无裆裤管，用于保暖

《说文解字·衣部》记载：“裤：胫衣也。今所谓套裤也，左右各一，分衣两胫……绔，今皆做裤。”

1. 裤

裤又称绔、胫衣，只有两条裤管，没有裆，所以不外穿，多穿于裳或裙之内，主要起保暖作用。

裤本无裆，后来受到游牧民族服装影响，逐渐有了裆。《晋书·舆服志》记载：“裤褶之制，未详所起，近世凡车驾亲戎，中外戒严服之。”这说明到了魏晋南北朝时期，裤便有裆了，但是最初主要由常骑马的士兵穿着，后来逐渐流行于民间，成为普通百姓的常服。

2. 拼色绯绣裤

甘肃花海毕家滩墓出土了一件拼色绯绣裤，该裤应该为开裆裤，由碧绢和绯地刺绣绢制作而成，绯地刺绣绢是利用彩色丝线绣成的绯色绢布。碧绢主要用于制作腰头和裤片，绯地刺绣绢用于制作裤筒。

► 拼色绯绣裤形制图（根据甘肃花海毕家滩墓出土实物绘制）

3. 双头鸟纹

双头鸟纹是甘肃花海毕家滩墓出土的拼色绯绣裤裤腿面料上的纹样，是一种对称纹样，双头鸟四周围绕着云纹和火焰纹。

► 双头鸟纹描摹图（根据甘肃花海毕家滩墓出土实物绘制）

六、星月纹绯罗绣裲裆——一片当胸，一片当背

（一）裲裆

《释名·释衣服》称：“裲裆，其一当胸，其一当背，因以名之也。”

裲裆是有前后两片衣襟的服饰，衣襟掩盖前胸后背，两汉时仅作为妇女的内衣，魏晋时期则不论男女皆可穿，并且可以穿在中衣外。

在双层裲裆的布料之间夹棉絮，可以提升裲裆的保暖性。《搜神记》记载：“（妇鬼）形体如生人，著白练衫，丹绣裲裆，伤左髀，以裲裆中绵拭血。”女鬼所穿的丹绣裲裆夹有棉絮，受伤后用来擦拭伤口。南朝诗集《玉台新咏》收录鲍令晖《近代吴歌·上声》中有“留衫绣裲裆，迮置罗裳里。微步动轻尘，罗衣随风起”的句子，这说明裲裆穿着时一般塞在罗裳里面，但也有穿在裙子外面的情况。

制作裲裆的材料主要为罗、绢、织锦等，有些人还会在裲裆上刺绣。北宋郭茂倩《乐府诗集·上声歌》中有：“裲裆与郎著，反绣持贮里。汗污莫溅浣，持许相存在。”多情的女郎将刺绣裲裆赠予情郎，要求情郎将刺绣的那一面穿在里面，即使被汗渍污染了也不能洗。

（二）绯罗绣裲裆

甘肃花海毕家滩墓出土了一件绯罗绣裲裆残片，残片长约 49 厘米，宽约 44 厘米，穿在女尸外衣和内衣之间，正合“妇人出裲裆，加乎交领之上”（《晋书·五行志》）的说法。这件裲裆有两层，内外层面料皆为素绢，外层面料正中缝缀着一幅边长为 20 厘米的正方形星月纹图案的绯罗地刺绣，刺绣方式为锁绣。锁绣是汉晋时期非常有特点的一种绣法，由绣线环圈锁套而成，绣纹效果既像一条锁链，又像三股编成的麻花辫，所以又称“辫子绣”。

出土残片仅有胸前上半部分和少许下摆，右侧包边上方有超出部分，推测是一条比较长的、用于连接前后片的带子，右下方的下摆有超出部分，推测裲裆袖片下方存在一定长度的襕用于连接前后片。

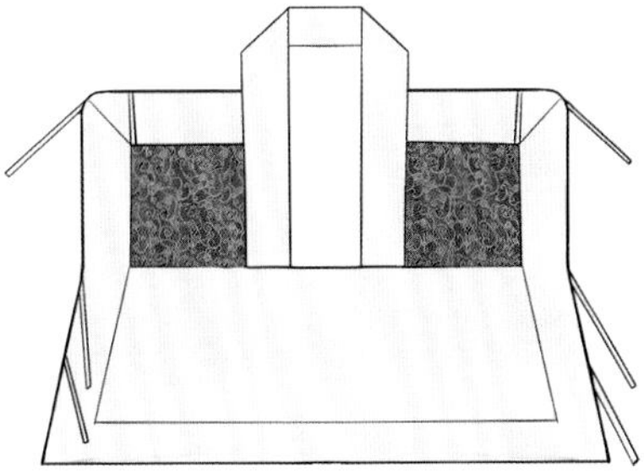

► 绯罗绣裲裆形制图（根据甘肃花海毕家滩墓出土残片推测绘制）

（三）星月纹

星月纹是甘肃花海毕家滩墓出土的绯罗绣裲裆上的花纹，是对汉代云纹的承袭。

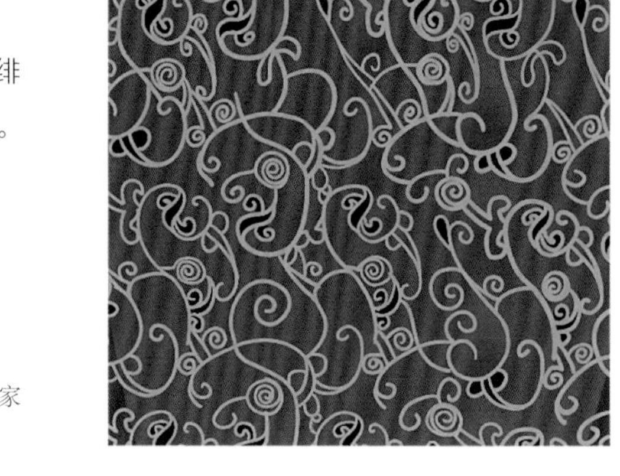

▶ 星月纹描摹图（根据甘肃花海毕家滩墓出土实物绘制）

七、紫缬襦——交领短衣，绞缬成纹

（一）紫缬襦

甘肃花海毕家滩墓出土了一件紫缬（xié）襦，其形制与前文所述的短碧襦基本一致，区别只在于衣片为紫色绞缬绢布。扎染缬点为直径 1 厘米左右的空心圆，横向排列比较紧密，10 厘米内约 6 个缬；纵向排列比较宽松，10 厘米内仅有 4 行。

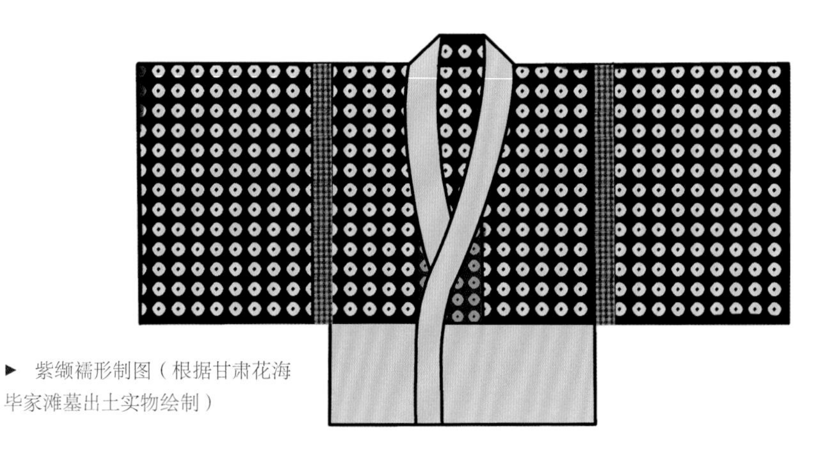

▶ 紫缬襦形制图（根据甘肃花海毕家滩墓出土实物绘制）

（二）绞缬

南宋黄公绍《韵会》记载：“缬，系也，谓系缯染成文也。”

绞缬是一种扎染方式，民间称为“撮花”，其原理是利用针线或细绳将布料的一部分结扎起来，将面料浸泡在染料中上色时，被扎紧的部分面料无法被染料浸染，从而呈现出一定的图案。

东晋时，该工艺在民间流传。南北朝时期，出现了“鹿胎缬”和“鱼子缬”两种有名的图案。“鹿胎”即类似于梅花鹿身体花纹的图案，“鱼子缬”中的“鱼子”即鱼卵，其实就是很小的空心圆图案。

制作“鹿胎缬”和“鱼子缬”的方式大同小异，因为细密、均匀且排列整齐的“鹿胎缬”便是“鱼子缬”。首先取素色面料，根据图案设计在面料上标注出点的位置，然后利用钩针将点钩住并用细线绕扎，再将面料依次放入清水和染液中，最后将面料取出晾干，除去细线，水洗后熨平即可。

隋唐时期，绞缬更是风靡一时，出现了种类繁多的图案，例如茧儿缬、蜀缬、撮缬、浆水缬等。

▲ 绞缬纹示意图

▲ 鹿纹锦描摹图（根据新疆维吾尔自治区博物馆馆藏文物绘制）

八、绯碧间色裙——面料拼接，腰间有褶

1. 间色裙

间色裙是魏晋南北朝时期出现的一类由两种及两种以上布料拼接而成的裙，异色布料依次拼接，多为四片裙、六片裙。甘肃酒泉丁家闸魏晋墓壁画中舞女所穿的下裙便为间色裙，为黄红两色。

间色裙在唐代仍旧很流行，陕西执失奉节墓壁画中红衣舞女下身穿的便是红白间色裙。

▲ 甘肃酒泉丁家闸魏晋墓壁画中穿间色裙的舞女描摹图

▲ 陕西执失奉节墓壁画中身穿红白间色裙的舞女

2. 绯碧间色裙

甘肃花海毕家滩墓出土了一件绯碧间色裙，此裙由裙腰和裙身组成。裙腰由素绢制成，裙身推测共四片，绯绢两片，碧绢两片。异色绢拼接，形成上窄下宽、底部呈平滑曲线的裙片，两侧的绯绢中间各有一个褶量比较大的竖褶。裙腰长度约为 72 厘米，宽度约为 7.5 厘米，裙长约为 60 ~ 70 厘米，是一件长度大约到膝盖的短裙。

根据出土残片推测，穿着该间色裙时将裙腰围在腰上系住，裙片在背后偏右的部位略有交叠，可以避免内部衣物露出。

▶ 绯碧间色裙形制图（根据甘肃花海毕家滩墓出土实物绘制）

头梳倭堕髻、身穿紫缬襦和绯碧间色裙的贵族女性

九、绀缯头衣——颜色藏青，整片裁成

甘肃花海毕家滩墓出土了一件绀缯头衣，该头衣由藏青色绢制成，顶部有弧度，两侧的中间各有颜色相同的系带，风大时可用于固定头衣。

▶ 绀缯头衣形制图（根据甘肃花海毕家滩墓出土实物绘制）

十、缀珠红丝履——红绸鞋面，鞋尖坠珠

缀珠红丝履也称攒珠丝履，是一种在鞋尖缝有珍珠的丝履鞋，鞋面由当时名噪一时的蜀锦制成，走起路来鞋尖的珍珠微微颤动，非常好看。最早的缀珠履可以追溯到战国时期，《史记 · 春申君列传》中记载了春申君门客“皆蹑珠履以见赵使”的故事，“珠履”因此新增了代指谋士、门客的意义。

历朝历代都有珠履的身影，南朝宋鲍照《代白纻舞歌词》中有“珠履飒沓纨袖飞”的诗句；元张养浩《隋炀帝艳史》中描述了隋宫妃嫔穿着珠履蹴鞠的场景；唐李白《寄韦南陵冰》中有“堂上三千珠履客，瓮中百斛金陵春”的诗句。

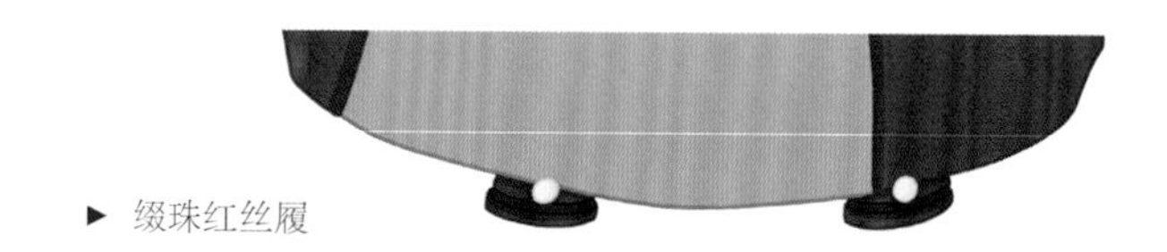

▶ 缀珠红丝履

十一、蜀锦——蜀地生产，名重一时

《后汉书 · 方术列传》记载曹操同左慈说过：“吾前遣人到蜀买锦，可过敕使者，增市二端。”

蜀锦是蜀地生产的织锦，是魏晋时期名重一时的纺织品，具有色彩艳丽、纹样精美的特点，不仅在中原流行，而且畅销西域。《后汉书 · 左慈传》记载了曹操专门派人去蜀国购买蜀锦的故事。

蜀锦常见的纹样有几何纹样、云气纹样、植物纹样、动物纹样、文字纹样和组合纹样等。汉晋墓出土的各类锦都极有可能是蜀锦，例如“五星出东方利中国”锦、“千秋万岁宜子孙”锦等。

场景九　文人逸士投壶取乐

正值盛夏，蝉鸣不止，文人逸士聚在一起投壶取乐。由于天气炎热，所以人人头戴纱帽，身穿抱腰长裙，肩披裹衫。有的人不拘小节，索性将裹衫系带解开，任由裹衫滑落，脱下脚上的低靿靴踢到一边，赤着脚踩在塌上；有的人则气定神闲，歪坐在棋子方褥上，斜倚着斑丝隐囊，手持刀扇，慢悠悠地扇风取凉。

一、纱帽——收拢发髻，戴之显高

（一）纱帽

纱帽是一种利用纱縠（hú，有皱纹的纱）制成，形状比较固定的帽子。始见于魏晋南北朝时期，根据纱帽颜色可以分为白纱帽和乌纱帽。

（二）白纱帽

《梁书 · 侯景传》记载：“自篡立后，时著白纱帽，而尚披青袍，或以牙梳插髻。”

白纱帽也称白帽、白纱高屋帽、白高帽等，由白色纱縠制作而成，是一种高顶无檐的礼帽，南朝时只能由皇帝戴，通常用于宴会、朝会等场合。天子戴纱帽的传统在隋唐时期仍然盛行，《隋书 · 礼仪志》记载隋文帝专门命人复刻白纱高屋帽，在设宴接待宾客的场合戴白纱帽、穿练裙襦和乌皮履。

由于魏晋尚白，所以皇帝戴白纱帽，但是唐人忌讳白色，所以虽然还称“白纱帽”，但实际上已经变成了“乌纱帽”。《新唐书·车服志》记载：“白纱帽者，视朝、听讼、宴见宾客之服也。以乌纱为之，白裙襦，白袜，乌皮履。”

（三）乌纱帽

▲ 乌纱帽

《晋书·舆服志》记载：“然则往往士人宴居皆着（乌纱）矣。而江左时野人已著帽，人士亦往往而然，但其顶圆耳。后乃高其屋云。”

乌纱帽简称乌纱，由黑色纱罗制成，顶部呈圆形，造型像高桶，戴在头上更显身材高大、身形飘逸，所以在魏晋南北朝时期的文人逸士群体中较为流行。

南北朝时期的乌纱帽有多种形制，《隋书·礼仪制》记载：“案宋、齐之间，天子宴私，着白高帽，士庶以乌，其制不定。或有卷荷，或有下裙，或有纱高屋，或有乌纱长耳。”即这一时期的乌纱帽款式繁多，有的帽前有卷荷，有的帽后有垂裙，有的帽屋很高，有的帽子两边缝有长耳。

隋朝将乌纱帽定为礼帽，帝王百官无论职位高低都可以戴。到唐朝时，幞头大兴，乌纱帽很少出现。到了明朝，乌纱帽成为正式的官帽，因此也成为官员的代名词。

明朝的乌纱帽与魏晋时期相比，无论形制还是材质都已经有了很大的变化。明朝的乌纱帽以铁丝为框架制作出帽身，帽身前低后高，左右各插一翅，铁丝框架外围乌纱，不透光。

◀ 明佚名《出警入跸图》中头戴乌纱帽的官员

（四）纱縠

颜师古注《汉书》记载：“纱縠，纺丝而织之也。轻者为纱，绉者为縠。”

纱是一种舒薄、方孔、纤细的平纹丝织物，因为孔眼细小而均匀，仅有较小的沙粒能透过，所以最早被称作“沙”。由于纱透气散热，所以多作为夏装的常用面料。

縠是一种以强捻丝织造的平纹起绉丝织物，通常在制作之前将丝线卷缩或在织造时利用强捻丝线而收缩起绉，使之产生绉缩效果。由于縠具有质地轻薄、色泽柔和的特点，所以常用于制作夏装和舞衣。

纱和縠同属平纹丝织物，区别在于表面是否平整，平整的是纱，有绉的是縠。福建福州宋墓出土了绉縠实物，可以清楚看到经丝弯曲起皱，有如微风拂水起波纹，比一般的丝织物更美观。

纱縠合称可泛指丝帛，即精细、轻薄的丝织品，由于质地轻薄且吸汗透风，多用于制作内衣和夏衣。

二、裹衫——无袖披风，对襟设计

裹衫是一种由轻薄面料制作而成的服饰，披搭在肩背上穿着，领口处缝有纽带，可以在胸前打结以固定，一般由白色面料缝制而成，流行于魏晋南北朝时期，是文人逸士常穿的夏季服装。夏季穿着裹衫便服，不仅清凉祛暑，而且显得非常飘逸。

北齐杨子华《北齐校书图》中士人穿着的便是裹衫。图中的裹衫有两种，一种由不透明面料制成，一种由半透明面料制成，后者透过面料可以看到内穿的心衣和裸露的皮肤。

不透明面料裹衫

半透明面料裹衫

▲《北齐校书图》中穿裹衫的文人

江西南昌永正街晋墓出土衣物疏中有“故白练裲衫三领”的句子，这说明魏晋南北朝时期用于制作裲衫的面料主要为白练。

裲衫一般比较宽大，有系带穿和不系带穿两种穿法。系带时，类似无袖对襟披风；不系带时，可能任由衫子垂在背后，类似披巾。

三、抱腰——上下有带，抱裹腰腹

（一）抱腰

抱腰是魏晋南北朝时期的一种内衣，上下有带，围裹在腰腹之间，下带围在腰后打结。抱腰与裲裆同属这一时期比较常见的内衣，主要区别在于裲裆前后有两片，抱腰只有胸前一片。抱腰可看作后世肚兜的前身。

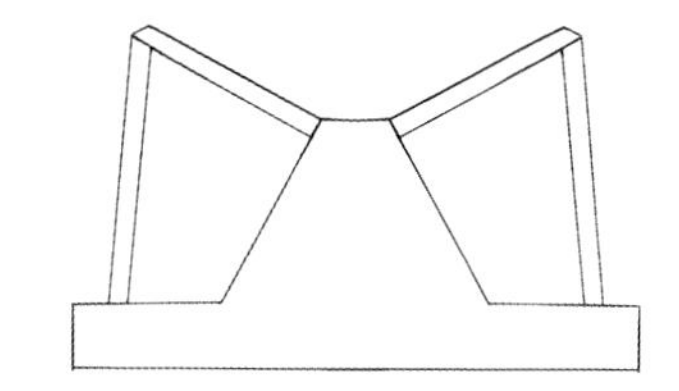

▶ 抱腰形制图（根据《北齐校书图》推测绘制）

（二）各朝代的流行内衣

古代内衣按照穿着场合可以简单分为两类，一类是可在亲近之人身边穿着、可作便服的长内衣，例如亵衣、汗衣等；一类是仅包裹上身部分部位、形制短小的短内衣，例如裲裆、抱腹等。各朝代都有其典型内衣，内衣形制和穿着方式的变化在一定程度上可以反映当时的社会氛围和文化特点。

1. 商周：衵衣

商周时期的内衣主要用来遮蔽身体，实用性大于美观性，形制不定，只要是贴身穿的就可以归类为内衣。这一时期的内衣被称作衵（rì）衣，《说文解字 · 衣部》解“衵”字为“日日所常衣”，即每日穿着的衣服。

2. 秦汉：汗衣、帕腹、抱腹、心衣

秦汉时期的内衣不仅样式更加丰富，名称也各具特色。这一时期的长内衣被称作汗衣，也叫鄙袒、羞袒，据说因刘邦打仗时汗水湿透最内层衣服而得名。短内衣主要有帕腹、抱腹、心衣三种。

《释名 · 释衣服》记载：“帕腹，横帕其腹也。抱腹，上下有带，抱裹其腹，上无裆者也。心衣，抱腹而施钩肩，钩肩之间施一裆，以奄心也。先谦曰：‘奄，掩同。案此制盖今俗之肚兜。’”由此可见，帕腹应该是一种类似于抹胸的无带一片式内衣，抱腹是一种上下有带、背后打结的套头式内衣，心衣是在抱腹的基础上发展起来的，是一种上下有带、背后打结的挂肩式内衣。

3. 魏晋：裲裆、抱腰

裲裆是南北朝时期特有的内衣，后来逐渐可以穿在外面。裲裆和抱腰在前文已有详细介绍，在此不赘述。

4. 隋唐：袜

隋唐时期社会风气比较开放，内衣虽然仍旧是贴身穿，但并不避讳外露。这一时期的女性还有裸露胸部的行为，例如永泰公主墓壁画中的捧杯少女酥胸外露，十分大胆。

这一时期的内衣被称作袜（mò），也叫抹肚，是一种一字型包缠式内衣，上可盖胸，下可覆肚，既可以穿在外衣里面，也可以大大方方地露出来。

▲《簪花仕女图》中穿抹肚的仕女

5. 两宋：抹胸

宋代崇尚简朴，所以内衣由隋唐的狂野艳丽变为保守淡雅。这一时期的内衣虽然沿袭唐代内衣名称，但形制大不相同。根据出土文物，宋代抹胸可分为三类，一类是福建福州南宋黄昇墓出土的，由腹部的长方形布片和胸部的三角形布片组成，在长方形布片两端和三角形顶点处缝有衣带的抹胸；一类是江苏南京高淳花山宋墓出土的由长方形衣片和系带组成的抹胸；一类是江苏金坛南宋周禹墓出土的整体呈梯形，梯形上底端点和下底端点上各缝有衣带的抹胸。

▲ 福建福州南宋黄昇墓出土抹胸形制图

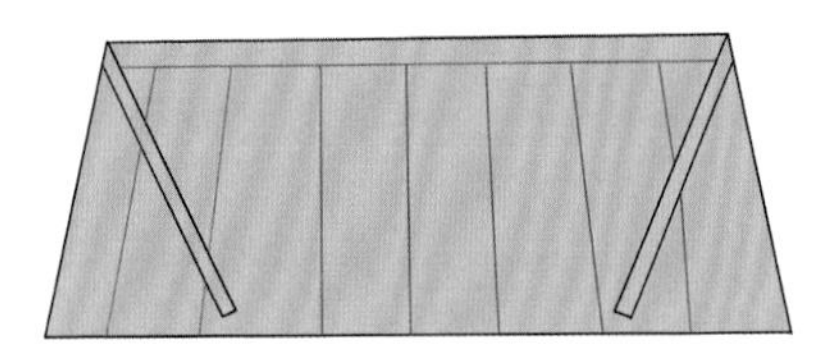

▲ 江苏南京高淳花山宋墓出土抹胸形制图

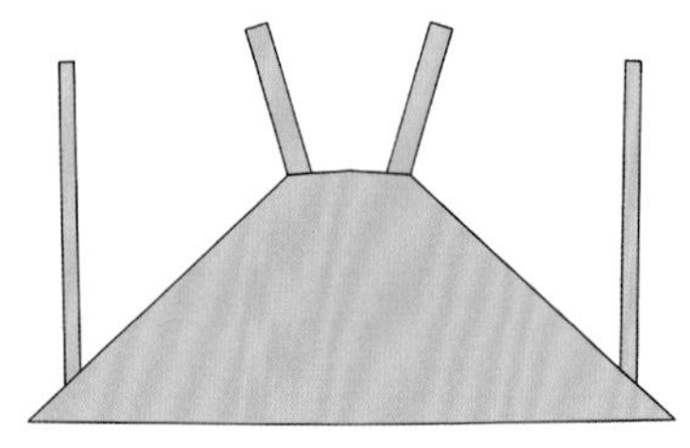

▲ 江苏金坛南宋周禹墓出土抹胸形制图

6. 元代：合欢襟

在元代，抹胸仍然流行，除此以外，这一时期还出现了一种极具时代特色的内衣，叫作合欢襟。这种内衣胸前有一排细密的盘花扣，背后有两根交叉的带子。甘肃漳县徐家坪汪世显家族墓出土了一件黄地宝相花织金锦合欢襟，正面共有九对盘花扣。

◄ 甘肃漳县徐家坪汪世显家族墓出土合欢襟描摹图

7. 明代：主腰

明代流行一种束身内衣，被称作“主腰”，形制多样，设计感十足。江苏泰州市明代徐蕃夫妇墓出土了一件浅棕色素绸扎带主腰，这件主腰的外形与背心相似，为开襟形制，两襟各缀有三条襟带，肩部有裆，裆上有带，腰侧也有系带，将所有襟带系紧后形成明显的收腰。

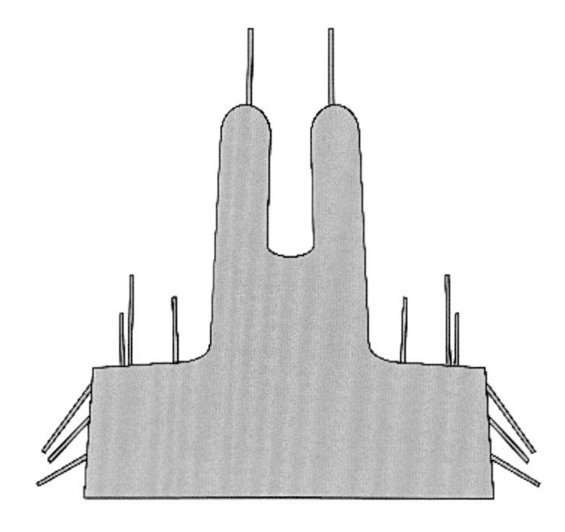

◄ 江苏泰州市明代徐蕃夫妇墓出土主腰形制图

8. 清代：肚兜

肚兜是清代流行的内衣，一般被做成菱形，上方和腰部两侧各缝有衣带，上带绕到脖后打结，另外两根衣带绕到腰后打结。用于系束肚兜的带子并不局限于绳或布，富贵人家也有用金属链做系带的。

四、低靿靴——短筒小靴，软带裹靴

低靿靴是一种靴筒大概到脚踝的靴子，一般由皮革制成，但是《北齐校书图》中的靴是由黑色布料制成的。相比于皮革制成的靴，布料裁剪缝纫而成的靴穿起来应该更加柔软舒适。中国丝绸博物馆馆藏多双北朝丝制靴，形状各异，纹样丰富。

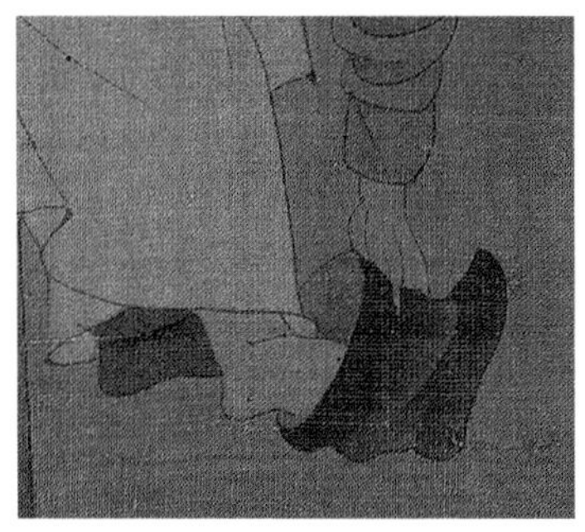

▲《北齐校书图》中的低靿靴

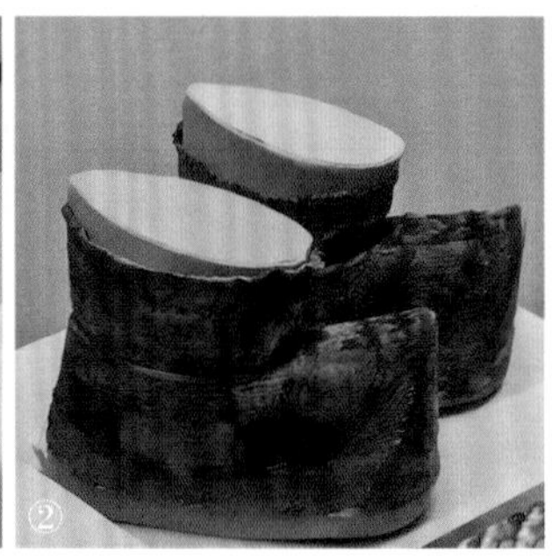

▲ ① ②北朝丝制靴（现藏于中国丝绸博物馆）

五、隐囊——古代抱枕，供人倚靠

隐囊是魏晋南北朝时期流行的一种卧具，类似于今天的抱枕、靠枕等，外形一般做成中间粗、两头细的纺锤状，内部填充织物或纤维。龙门石窟宾阳中洞的维摩诘像中维摩诘倚靠的便是隐囊，其表面有条纹图案，顶端有打结的痕迹，结四周是对称的莲瓣纹。

到明清时，隐囊的形状发生了比较大的变化，由纺锤体变成立方体，使用空间也逐渐局限于床榻上，逐渐与枕头“不分你我”，因而有了“引枕”“圆枕”等别称。

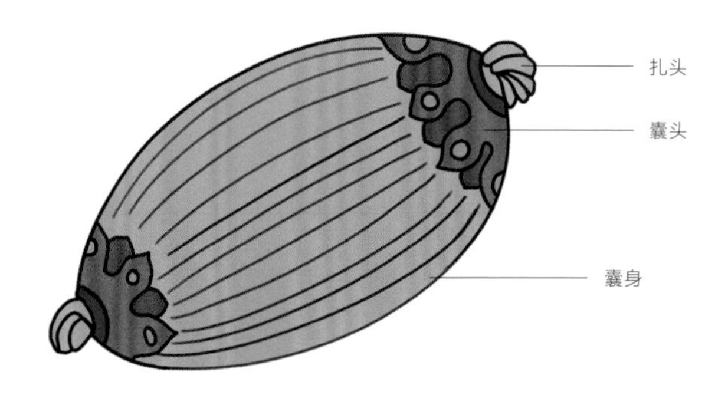

▲ 河南洛阳龙门石窟宾阳中洞维摩诘像中的隐囊描摹图

► 《北齐校书图》中怀抱隐囊的侍女

六、刀扇——形状似刀，扇风取凉

《说文解字·户部》记载："扇，扉也。门两旁如羽翼也。"

刀扇也称偏扇，因形状像刀而得名，是一种扇柄设置在扇面一侧的扇子类型。

刀扇早在春秋时期便已出现，江西靖安县李洲坳东周古墓出土了一柄竹篾（劈成条的竹片）编成的刀扇，扇面宽约 25 厘米，扇柄长约 37 厘米。湖北江陵马山砖厂出土了一柄竹编短柄扇，该扇的扇面是由红、黑两色的篾片编织而成的，纹样十分规整精致。

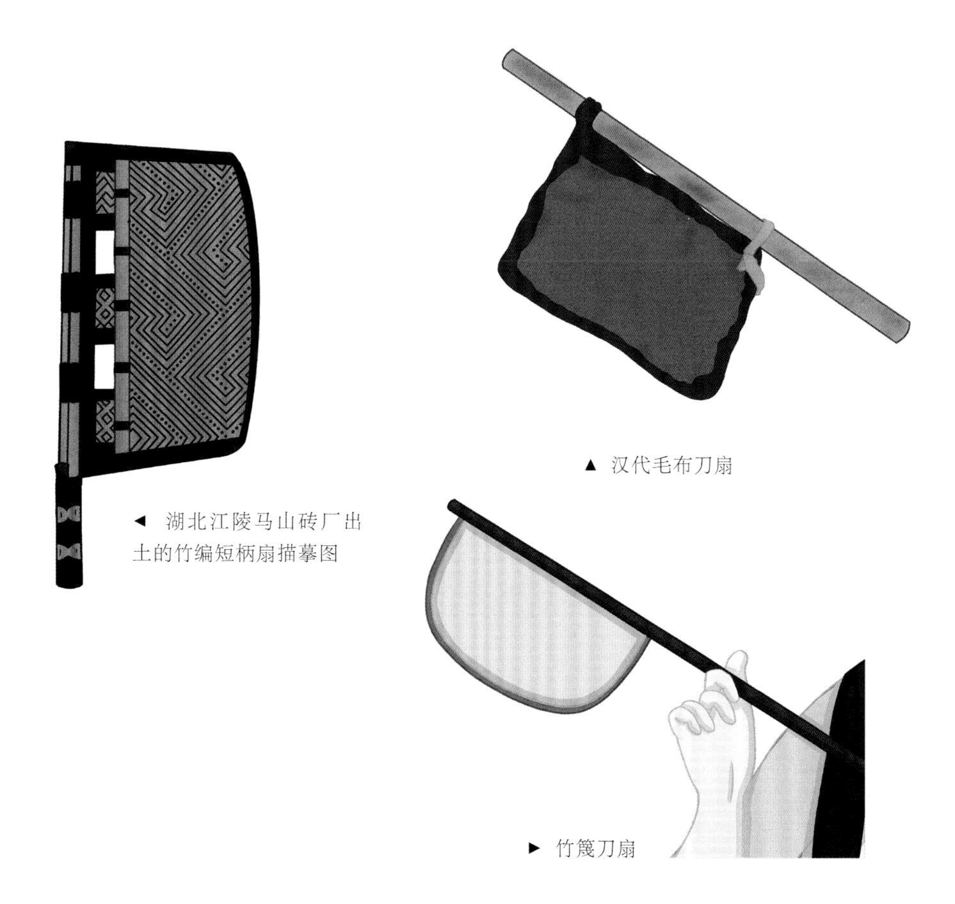

◀ 湖北江陵马山砖厂出土的竹编短柄扇描摹图

▲ 汉代毛布刀扇

▶ 竹篾刀扇

场景十　文人逸士踩木屐登山

秋风送爽，天高云淡，正是登山的好时节，文人逸士相约攀峰，皆头戴白接篱，身穿宽博衣衫，脚穿木屐，年纪大些的手中握着一根竹杖。几人时而兴起登高，时而席地而坐，略作休憩，趁此机会欣赏山中美景，吟诗作赋，兴之所起，于林中长啸，惊得林中飞鸟扑腾而起。

一、接篱——白色头巾，潇洒飘逸

北周庾信《杨柳歌》云："不如饮酒高阳池，日暮归时倒接篱。"

接篱又称睫摛（chī），是一种遮阳帽，最早出现于晋代，流行于南朝，直到唐宋时期仍然被广泛使用。接篱最早是指用白鹭毛装饰的帽子，后演变为一种白色头巾，因为潇洒飘逸，在士人间非常流行。

清顾沅辑、孔莲卿《古圣贤像传略·元仆射像》中人物所戴的帽子就是接篱，根据画像推测，接篱由轻薄面料制成，隐约可以看到巾内的头发。因为面料比较轻、帽子比较高，所以帽屋会倒伏于一侧，接篱后方缝有垂带，既起到固定帽子的作用，又有一定的装饰作用。

▲《古圣贤像传略·元仆射像》中头戴接篱的人物形象描摹图

▲ 接篱

二、宽衣博衫——褒衣博带，走路带风

《宋书·五行志》记载："晋末皆冠小而衣裳博大，风流相仿，舆台成俗。"

如果要给魏晋士人的衣着风格做个总结，那么没有比"宽衣博衫"更贴切的了，宽博二字，将魏晋士人的形象说活了、说尽了。当前流行一种魏晋风服饰，所谓魏晋风，也就是将"宽"和"博"发挥到极致罢了。

魏晋南北朝还没有出现科举，选拔官吏主要依赖有名望的人推荐，所以这一时期的文人逸士大致可分为两类：一类是士族，例如谢灵运、沈约等；一类是寒门，例如鲍照、左思等。士族文人家境优渥且能做官、有俸禄，所以穿得起丝绸衣服；寒门文人则囊中羞涩，只能穿得起褐、葛、麻等廉价材料制成的衣服。同样是宽衣博衫，服饰面料不同，穿起来的效果自然不同。

关于魏晋士人为何偏爱宽衣博衫，鲁迅先生曾在《魏晋风度及文章与药及酒之关系》中指出，可能与当时士人好服食五石散有关，服食五石散后，浑身燥热、皮肤脆嫩，所以必须穿宽肥博大的衣衫减少与皮肤的摩擦，穿木屐以省去穿袜。庶族寒门吃不起五石散，但是他们要想做官还要多靠士人提携，所以也学他们穿宽博的衣衫。

《斫琴图》是东晋顾恺之的作品，原图已散佚不可得，宋摹本被收藏在北京故宫博物院。画中共有十四人，个个衣袖宽大接近地面，即使是在旁边伺候的仆人，衣袖长度也接近半人高。

◄《斫琴图》宋摹本中的人物形象（现藏于北京故宫博物院）

三、木屐——底部有齿，屐面有绳

（一）木屐形制

西汉史游《急就篇》记载：“屐者，以木为之，而施两齿，所以践泥。”

木屐是用木料制成、底部有齿的鞋。屐底和屐齿都由木头制成，屐面一般用绳子系成，也有直接由整木凿成的。

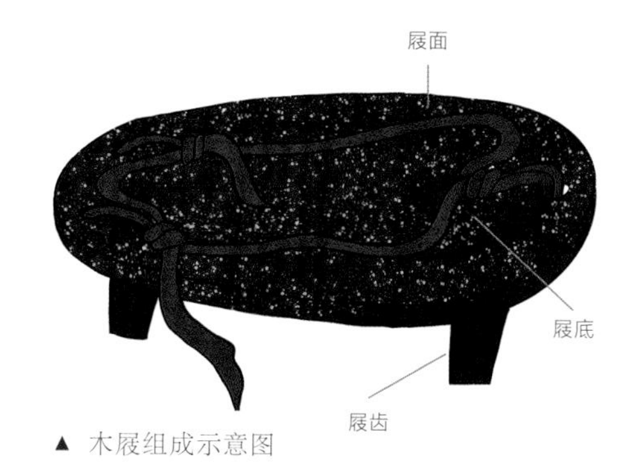

▲ 木屐组成示意图

江苏南京城南颜料坊地块出土了 12 件东晋、南朝木屐，通过分析这些出土文物，可以对魏晋南北朝时期的木屐的材质和结构有比较全面的了解。

这一时期的木屐根据是否有屐齿可分为两类。有屐齿的木屐根据屐齿制作方式可分为整木凿制和榫卯相连两种：其中整木凿制的木屐又叫“连齿木屐”，因为屐齿和屐面一体而得名，屐面也由木头制成；榫卯相连的木屐根据榫头是否穿过卯孔出露于屐板表面又可以分为两种，榫头露出被称作“露卯”，榫头不露出被称作“阴卯”。《晋书·五行志》有云：“旧为屐者，齿皆达楄上，名曰露卯。太元中忽不彻，名曰阴卯。”这说明一开始木屐都是“露卯”的，后来制作木屐的工艺改进，木屐便成了“阴卯”。相比于阴卯，露卯比较硌脚，穿起来不舒服，被淘汰也很正常。

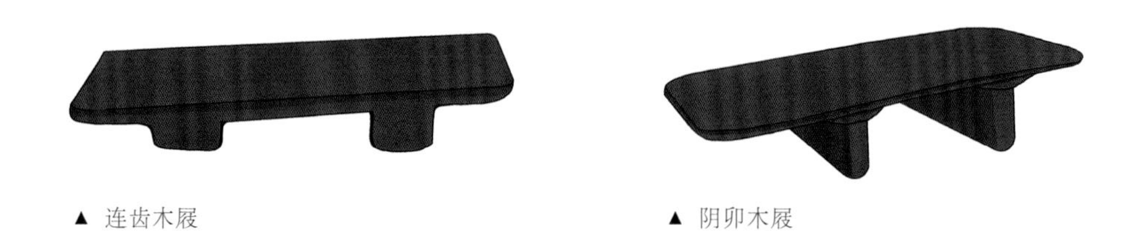

▲ 连齿木屐　　▲ 阴卯木屐

无齿的木屐比较少见，被称作“平底木屐”，虽然没有齿，但是鞋底仍旧很高，且为了避免鞋底过于沉重，人们将中间掏空。这类木屐又被称作屧（xiè），男女均可穿着。

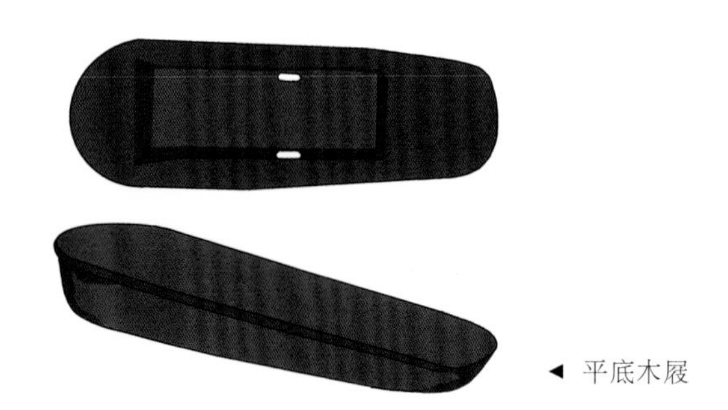

◀ 平底木屐

南京出土的 12 件木屐中有一只为童鞋，屐齿高仅 2 厘米左右，且比较厚实，想来是为了避免儿童摔倒特制的，其他木屐则齿高且薄，最高的竟然有 7 厘米。魏晋南北朝时人们喜欢戴高帽、穿高齿屐，再搭配宽衣博衫，走起路来摇摇摆摆，如庞然大物，这是当时的时尚装扮。

《搜神记》记载：“初作屐者，妇人圆头，男子方头，盖作意欲别男女也。”这 12 件木屐中有 9 件可以根据屐面大小判定穿着者性别，方头木屐穿着者均为男性，圆头木屐穿着者均为女性，这说明当时确实有“妇人圆头，男子方头”的讲究。

（二）系带方式

梁鼓角横吹曲《捉搦歌》云：“黄桑柘屐蒲子履，中央有丝两头系。”

《后汉书·逸民列传》中记载了一件奇事，说东汉末年京城众人爱穿木屐，党锢之祸始发后，许多妇女因穿木屐不便逃跑而被囚，正“应木屐之象”。据此推测，木屐的系带方式应该与捆绑囚犯的方式类似，也与现代的人字拖很像，系绳穿过屐板上的洞后从大脚趾附近穿出，再从脚后跟附近的洞中穿出来，最后在脚面处打结，形似一个“人”字。

我国古代很早就有着袜穿木屐的情况，着袜穿木屐时须将大脚趾与其他四趾分开，使袜子形成“丫”形，所以称鸦（丫）头袜。不过李白《越女词五首·其一》中有“屐上足如霜，不着鸦头袜”一句，描述的是当时人有穿屐不穿袜的习惯。木屐多为南方人穿，南方温暖潮湿，穿袜再穿木屐恐怕不怎么舒服，所以他们绝大多数情况下都是赤脚穿木屐的。

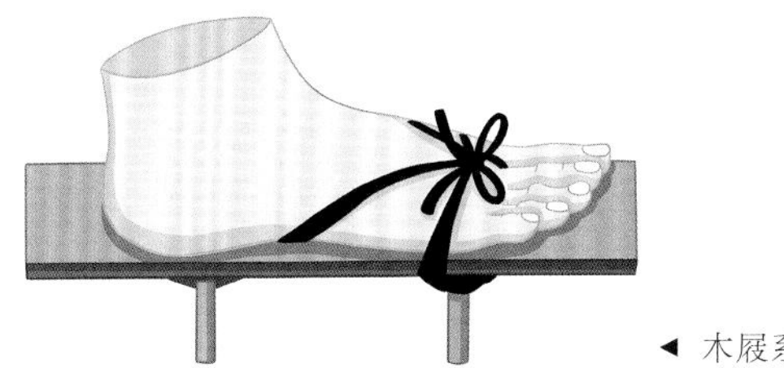

◂ 木屐系带方式

（三）木屐装饰

汉代以来，妇女利用颜料为木屐上色作为装饰，主要有漆画屐和金齿屐两种。漆画屐是一种表面绘有漆画的木屐，《后汉书·五行志》有云：“妇女始嫁，至作漆画，五彩为系。”这种木屐是妇女嫁人时穿的，利用五彩丝线做系带。金齿屐是一种只有齿被涂成金色的木屐，李白《浣纱石上女》有云：“一双金齿屐，两足白如霜。”

（四）木屐种类

1. 桑屐

《南齐书·祥瑞志》记载：“（世祖）及在襄阳，梦着桑屐行度太极殿阶。”

桑屐是由桑木制作而成的木屐，桑木质地比较紧实，做成的木屐不易磨损，是渔人、隐士常穿的一种木屐。

2. 柘屐

柘屐是由柘木制作而成的木屐，男女均可穿，以系带固定。

3. 铁屐

《太平御览 · 服章部》记载："石勒击刘曜，使人着铁屐施钉登城。"

铁屐是由金属制作而成的屐，以铜铁为屐面，上穿绳系，底部有铁钉，一般为士兵穿着。

4. 蜡屐

南朝宋刘义庆《世说新语 · 雅量》记载："或有诣阮（阮孚），见自吹火蜡屐。"

蜡屐是表面涂蜡的木屐，主要用于在泥地上行走，可以防潮湿。古人很早便意识到可以用蜡做防水层。唐冯贽《云仙杂记》中记载了一种名为"半月履"的鞋，是由安城人赵廷芝设计的，通过在鞋表面涂一层蜡，达到不渗水的目的。

（五）谢公屐

《宋书 · 谢灵运传》记载："（谢灵运）寻山陟岭，必造幽峻，岩嶂千重，莫不备尽。登蹑常著木履，上山则去其前齿，下山去其后齿。"

魏晋南北朝时期有一种非常有名的木屐——谢公屐，又称谢屐、登山屐、寻山屐等，因为由南朝文人谢灵运发明、登山方便而得名。虽然当前多地已经出土了大量魏晋南北朝时期的木屐文物，但尚未挖掘出谢公屐实物，所以谢公屐究竟是一种什么样的木屐，只能通过《宋书 · 谢灵运传》的只言片语大胆推测。

温州民俗专家叶大兵先生历时多年，查阅大量资料后考证出"谢公屐是一种活络双齿屐"的结论，认为其形为整木削成的船形，屐底装有铁齿，前后各二，长寸余。为了利于上下山防滑、防跌，把原来两根固定的木或铁齿改为活动屐齿。制作时，用"露卯法"，即先在屐底凿以榫眼，其孔穿透，然后将屐齿之榫自下而上穿于屐底，并用铁钉销住，如要拆下屐齿，只需拔掉铁销子，如要装上，仍用铁钉销住。上山时，拆下靠前的屐齿；下山时，拆下靠后的屐齿，这样可以最大限度保证脚面与地面平行，避免因为失去平衡而摔倒。

笔者看法与叶大兵先生基本一致，但在屐齿安装上有不同意见。叶大兵先生认为屐齿之榫是从下往上穿于屐底的，用铁钉固定，但是据笔者所知，魏晋南北朝时期没有使用铁钉的习惯，使用木质销钉比较合理。

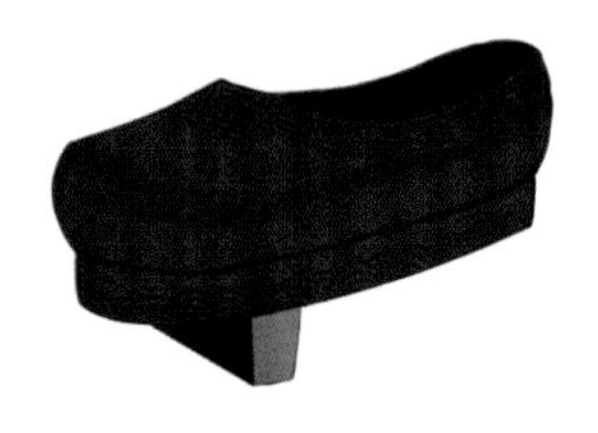

◀ 谢公屐描摹图（根据叶大兵先生复原成果绘制）

头戴接篱、脚穿木屐的逸士

场景十一 文人逸士聚在一处清谈

冬日，室外白雪皑皑，寒风凛冽，室内因为熏香焚炭而温暖如春。文人逸士熏衣剃面，施朱扑粉，头戴折角巾，肩披白鹤氅（chǎng），手执麈（zhǔ）尾扇，身边摆着盛满美酒的酒器，酒面上浮着鸭头勺，谈到兴起之处，就要豪饮一瓢。

一、折角巾——折巾一角，众人效仿

《后汉书·郭林宗传》载：“（林宗）尝于陈梁闲行遇雨，巾一角垫，时人乃故折巾一角，以为‘林宗巾’。”

折角巾又称角巾、垫巾、林宗巾等，是一种有棱角的头巾。据说东汉时期的名士郭泰（字林宗）外出遇雨，扎在头上的头巾被雨水打湿，打湿后的头巾一角塌下，当时人看了都觉得很新奇，纷纷模仿。唐孙位《高逸图》中手执麈尾扇者头上戴的便是折角巾。

▸《高逸图》中头戴折角巾的士人

二、鹤氅——鸷毛为衣，取其洁白

清徐灏《说文解字注笺》记载：“以鸷（zhì）毛为衣，谓之鹤氅者，美其名耳。”

（一）东晋鹤氅

鹤氅也称鹤氅裘，是一种在裘衣上缝缀羽毛、类似蓑衣的服饰，常在冬日穿着以御寒。

魏晋南北朝时期，神仙思想流行，在当时人眼中，神仙都穿着羽衣，鹤氅便是对神仙羽衣的模仿。《洛神赋图》中水神所穿的服饰便是当时人们幻想中的羽衣，肩部有羽毛状的披肩，腰部围有羽毛状的“短裙”。由此推测，鹤氅并不是大衣，更像是披肩，长度不会太长。

明代王仲玉所作的《陶渊明像》中勾勒了一件鹤氅，长度刚刚过肩，无袖，领口缝有细带。

▲《洛神赋图》中水神穿的羽衣

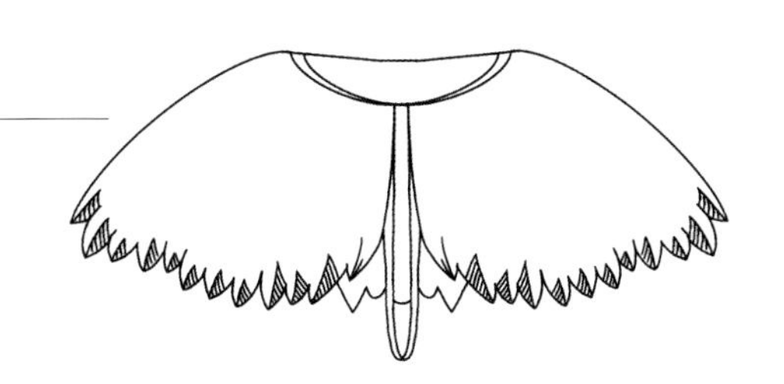

▲ 鹤氅形制图（根据王仲玉《陶渊明像》推测绘制）

《南齐书》中记载了东昏侯萧宝卷从民间搜刮宝物的故事，其中便有雉头、鹤氅与白鹭缞（cuī）等以鸟羽制成的披风外套，胡三省批注《资治通鉴》中有：“白鹭缞，鹭头上毦也。鹤氅、鹭缞，皆取其洁白。”这说明鹤氅的整体颜色是白色的，符合魏晋尚白的风气。

关于鹤氅的制作方式，有两种说法，一说鹤氅是在裘衣上缝缀羽毛得到的，一说鹤氅是由羽毛制成的线编织而成的。笔者比较赞同第一种说法。有日本学者尝试复原唐代安乐公主用百鸟羽毛织成的“百鸟裙”，发现很难将鸟羽毛做成线织布并裁剪成衣，相比于用羽毛制线织布缝纫，直接在裘衣上缝缀羽毛更简单，也更具可行性。

（二）宋朝鹤氅

宋朝鹤氅与东晋鹤氅无论是形制还是穿着场景都相差很大。首先，宋朝鹤氅已经基本没有“鹤”的痕迹，衣表不缝缀羽毛；其次，宋朝鹤氅有领有袖且衣长及地；最后，宋朝鹤氅厚薄适中，可以在多个季节穿着。

南宋赵珙《蒙鞑备录》中记载了蒙古人穿着“鹤氅”的情景：“又有大袖衣如中国鹤氅，宽长曳地，行则两女奴拽之。”这说明宋人穿的鹤氅是一种大袖衣，长度曳地，非常宽松。

宋朝鹤氅袖子极宽极大，对襟且两侧开缝，穿起来十分潇洒气派，所以又称“神仙道士衣”。

▲《听琴图》中身穿鹤氅的宋徽宗

三、麈尾扇——既可清暑，兼可拂尘

东汉李尤《麈尾铭》记载：“挥成德柄，言为训辞，鉴彼逸傲，念兹在兹。”

麈尾扇是一种在扇面周围加装一圈兽毛的扇子，早在汉代便出现，魏晋时期格外流行。这一时期的麈尾扇主要有两种形制，一种是长方形的，扇柄中间夹了接近一圈的兽毛装饰，例如《高逸图》中士人手中的麈尾扇和莫高窟壁画《维摩诘经变》中维摩诘手中的麈尾扇；另一种是圆形的，扇面两边的兽毛装饰像精灵耳朵，例如《洛神赋图》中神女手中的麈尾扇。

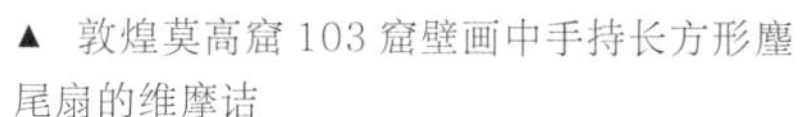

▲ 敦煌莫高窟 103 窟壁画中手持长方形麈尾扇的维摩诘

▲ 《洛神赋图》中手持圆形麈尾扇的神女

相比于实用性，麈尾扇的装饰性和象征性更强，梁简文帝萧纲作《麈尾扇赋》称：“（麈尾扇）既可清暑，兼可拂尘。”然而事实上，由于扇面周围装饰的兽毛并不结实，所以无论是扇风还是拂尘，都不怎么好用。日本正仓院收藏的唐代麈尾扇尽管被收藏在黑漆盒内，但扇面周围的兽毛已经基本掉光了。

唐姚思廉《陈书·张讥传》中记载了这样一个故事，名士张讥应邀讲经，但是忘记带麈尾扇，陈后主便命人取来一枝松枝，让他暂且用松枝代替麈尾扇。魏晋士人好清谈，清谈时用麈尾扇指点江山，不仅能增加气势，还能作武器使用，如《太平广记·诙谐》中记载了晋人孙盛和殷浩因为吵得凶而互掷麈尾扇，麈尾扇上的兽毛因此脱落在备好的饭中，这也同时证明了麈尾扇上的兽毛真的粘得不结实。

头戴折角巾、身穿鹤氅、手持麈尾扇的士族文人

四、鸭头勺——形状似鸭，用于盛酒

《太平广记 · 伎巧》记载："魏陈思王有神思，为鸭头杓浮于九曲酒池，王意有所劝，鸭头则回向之。"

南朝《竹林七贤与荣启期》砖画中，阮籍和王戎画像中都出现了类似鸭子的图案，砖画中的鸭子分别是鸭形酒器和鸭头勺，是魏晋南北朝时期比较流行的一种酒具，传说鸭头勺是魏陈思王曹植发明的。据钱澄宇先生考证，这种木雕的鸭头勺就是古人所称的"浮"，多人饮酒时，为防止对方不喝或少喝，就在酒池中放一枚鸭头勺，通过观看鸭头勺的位置推测酒面深浅。

▲《竹林七贤与荣启期》砖画中的鸭头勺（现藏于南京博物院）

▲ 北朝彩绘木鸭子

五、男子化妆——熏衣剃面，施朱扑粉

北齐颜之推《颜氏家训》记载："梁朝全盛时，贵游子弟，多无学术……无不熏衣剃面，傅粉施朱，驾长檐车，跟高齿屐，坐棋子方褥，凭斑丝隐囊，列器玩于左右，从容出入，望若神仙。"

（一）熏香

魏晋南北朝时期，熏香在文人逸士群体中非常流行。因为熏香要用金、银、铜质香炉，香料也比较昂贵，所以魏武帝曹操曾下令宫中禁止熏香以示节俭，但是熏香之习长盛不衰。

这一时期的熏香行为主要有两类：一类是室内焚香，用以营造仙气缭绕、云遮雾罩的氛围；一类是熏香衣物，与现代人喷香水的目的是一致的。室内焚香一般用香炉，熏香衣物则一般用熏笼。东晋张敞《东宫旧事》记载："太子纳妃，有漆画手巾熏笼二，条被熏笼三，衣熏笼三。"曹魏时期著名的美男荀彧（xún yù）好用浓香熏衣，所坐之处香气三日不散，后世称之为"荀令香"。

南北朝时期，受佛教的影响，供奉礼佛的长柄鹊尾手炉开始在民间流行，南朝齐王琰《冥祥记》记载："每听经，常以鹊尾香炉置膝前。" 河北景县北魏封魔奴墓中出土了完整的鹊尾香炉，炉身呈杯状，长柄做成鹊尾形状。

▲ 北魏鹊尾香炉描摹图
（根据河北景县北魏墓出土实物绘制）

► 西晋博山形炉体盆形托盘铜熏炉描摹图

（二）剃面

剃面又称绞面、磨面，受众群体主要是女子。古代女子出嫁前需要开脸，即用两根棉线交叉绷直靠近脸部来回摩擦，以除去面部的汗毛。

另一方面，古代贵族男性也有剃面修脸的习惯，尤其是魏晋南北朝时期的男性，剃面敷粉更是潮流。此时男性剃面用的器具为剃刀和磨脸石。湖北九连墩战国古墓出土了一个漆木梳妆盒，盒中不仅摆放着铜镜、木梳和脂粉盒，还有一枚青铜剃刀，形状与刀币类似，刀背有弧度。江苏大云山汉墓出土了一块鱼形玉石，经鉴定是当时用来磨面的玉石。唐冯贽《云仙杂记》中记载了中山僧表坚在溪边得到一块鸡蛋一般大的石头，拿来磨面后脸上瘢痕被磨掉的故事。

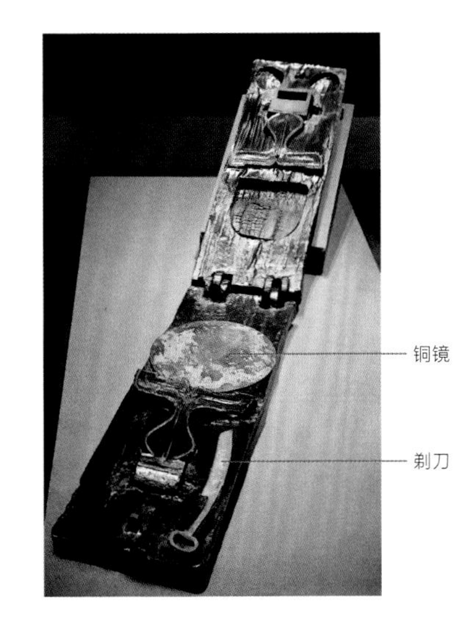

◄ 漆木梳妆盒（细雨先生摄，现藏于湖北省博物馆）

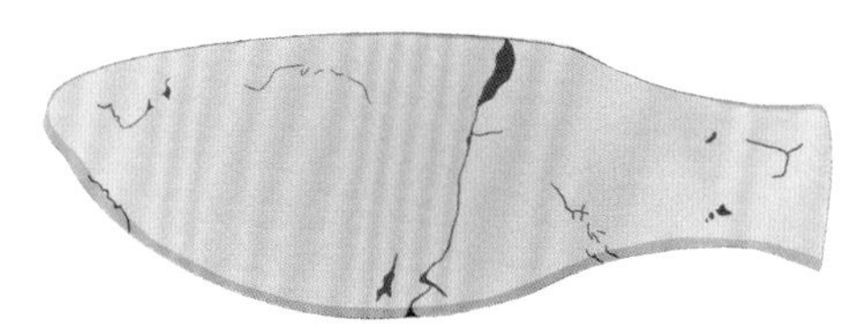

▲ 江苏大云山汉墓出土鱼形玉石描摹图

场景十二　竹林里的一场行为艺术

春日融融，惠风和畅，文人逸士齐聚竹林，或是吟诗，或是弹琴。一人头梳卯角髻，身穿宽衫，衣襟交叉处靠下，漏出双乳，两只衣袖被挽到肩膀处，光脚盘坐在地上，目送归鸿，手挥五弦；一人披头散发，披裘带索，箕踞啸歌，酣放自若；一人头戴葛巾，身穿短褐，饮酒进肉，隗然已醉；一人头戴纶巾，手执羽扇，双目微瞑，喃喃自语。

一、卯角髻——头顶双丫，孩童发型

卯角髻，也称丫髻、双髻，是古代孩童常梳的发型。魏晋时期，旷达的文人头梳卯角髻，既有“越名教而任自然”之意，又有表现童真之意。《竹林七贤与荣启期》砖画中，嵇康、刘伶和王戎都梳着卯角髻。

▲《竹林七贤与荣启期》砖画中嵇康形象线描图

▲《高逸图》中头梳卯角髻的童子

二、散发——披头散发，桀骜旷达

大多数时期的古人很少披散头发，但魏晋时期的文人逸士却多有披头散发的情况。《世说新语》中记载了谢万拜访王恬，王恬却散着头发在院子里晒太阳的故事。若说王恬刚刚洗完头在晒头发属特殊情况，那么嵇康在《幽愤诗》中写道“采薇山阿，散发岩岫”，张华在《答何劭诗》中写道“散发重阴下，抱杖临清渠”，足以证明魏晋时期士人散发并不少见。

三、葛巾——葛布制作，可以滤酒

魏晋士人不爱戴冠，偏爱着巾，尤其是那些才高而不仕的名士。这一时期的头巾种类很多，例如幅巾、纶巾、葛巾等，其中葛巾是由葛布制作而成的巾，价格低廉，是贫士常戴的巾。东晋诗人陶渊明便戴葛巾，还曾用葛巾滤酒，滤完后仍旧戴上。

▲《竹林七贤与荣启期》砖画中描绘的扎头巾的三种方式

四、披裘带索——身披鹿裘，腰拴草绳

鹿裘是一种价格比较低廉的裘衣，杨伯峻先生认为，鹿裘并不是指用鹿皮做成的裘衣，而是粗糙的皮衣。古代以“鹿”表示“粗糙”的例子很多，例如鹿粝（lì）是粗粮的意思，鹿布是粗布的意思。带索即用草绳做腰带。

五、短褐——粗布服装，面料粗糙

赵岐注《孟子·滕文公上》中解释“褐”为“以毳织之，若今马衣也。或曰褐，枲衣也；一曰粗布衣也。”

褐衣是指用葛和兽毛纤维或用大麻和兽毛纤维加工制作的粗布服装，面料比较粗糙，是穷人穿的衣服。短褐并不是短衣的意思，此处的短是“裋（shù）”的假借字，裋指古时童仆所穿的粗布衣服，裋褐即粗陋的布衣。

六、纶巾——葛布制成，诸葛优选

《三才图会·衣服卷》记载：“诸葛巾，此名纶巾，纶音关。诸葛武侯尝服纶巾执羽扇指挥军事，正此巾也。因其人而名之，今鲜服者。”

纶巾是一种由葛布制成的头巾，又称“诸葛巾”，因三国时期诸葛亮曾经戴此巾指挥军士而得名。南朝梁殷芸《小说》记载：“武侯与宣王治兵，将战，宣王戎服莅事；使人密觇（chān，窥视）武侯，乃乘素舆，葛巾，持白羽扇，指麾三军，众军皆随其进止。宣王闻而叹曰：‘可谓名士矣。’”

纶巾是汉晋时期士人常用的头巾，以白色为贵，有表现人品高洁之意，《晋书》中有“简文辟为从事中郎，著白纶巾”的记载，《太平御览·服章部》中有“孟达与诸葛亮书曰：‘贡白纶帽一颜，以示微意’”的记载。

通过梳理纶巾相关的文字和图像，可以发现纶巾的颜色和形制在不同时期发生了多次变化，元刊本《至治新刊全相三国志平话》插画中诸葛亮戴的纶巾仅包裹发髻，在后脑勺处打结固定，有两角下垂，纶巾颜色为深色；元赵孟頫《诸葛亮像》和明佚名《诸葛亮立像》中诸葛亮戴的纶巾形状比较奇特，头顶有数道卷褶，两鬓处有飘带下垂，更显飘逸，纶巾颜色分别为黑色和深青色。

▲《至治新刊全相三国志平话》插画中的诸葛亮

▲ 元赵孟頫《诸葛亮像》

▲ 明佚名《诸葛亮立像》

七、鹤羽扇——洁白无瑕，质美艺精

西晋傅咸《羽扇赋·序》记载："吴人截鸟翼而摇风，既胜于方圆二扇，而中国莫有生意。灭吴之后，翕然贵之。"

羽扇是用禽鸟羽毛制作而成的扇子，根据材料的不同，可以分为鹅毛扇、雉尾扇、鹤羽扇等，西晋文学家陆机《羽扇赋》吟咏的便是鹤羽扇，他赞美鹤羽扇可以"发芳尘之郁烈，拂鸣弦之泠泠。敛挥汗之瘁体，洒毒暑之幽情。"

由白鹤羽毛制成的羽扇通体洁白，轻摇时如白鹤群翔。魏晋时期，南方人好用鹤羽扇，北方人好用麈尾扇。陆机和嵇含虽然同是西晋著名文学家，但是陆机是吴郡吴县（今江苏苏州）人，嵇含是谯郡铚县（今安徽濉溪）人，陆机在《羽扇赋》中假借"宋玉"之口嘲笑"手持麈尾的诸侯"，而嵇含在《羽扇赋》中讥讽道："吴楚之士多执鹤翼以为扇，虽曰出至南鄙，而可以遏阳隔暑。"

► 明杜堇《十八学士图》中的羽扇

◄ 鹤羽扇

第四章

男仆女侍服饰

男仆女侍虽然与下一章所要描述的劳苦大众同属于较底层的劳动人民，但是在服饰上具有不同的特点。由于男仆女侍依附于主人，其着装不仅要体现卑微的身份，还要在一定程度上彰显主人家的富裕，所以有些人为了炫富，将侍女打扮得恍若仙女，令男仆也穿上不便于活动的大袖衣。晋陆岁羽《邺中记》记载：“（石虎）皇后出，女骑一千为卤簿。冬月皆著紫纶巾、蜀锦裤褶……腰中著金环参镂带……皆著五彩织成靴。”《世说新语·汰侈》记载：“石崇厕，常有十余婢侍列，皆丽服藻饰，置甲煎粉、沉香汁之属，无不毕备。”由此可以看出，有些侍女穿着是非常华丽的。通过观察魏晋南北朝时期壁画、砖画等，发现很多图像中侍女发型与女主人相似，区别在于侍女首饰比较少或比较廉价。

场景十三　侍女在主人身边伺候

几名士大夫坐在胡床或榻上，热火朝天地讨论着书籍内容，有的高谈阔论，有的奋笔疾书，时而激情四射，时而寂静无声。几名侍女在一旁侍候，其中一名侍女格外标致，头梳双螺髻，身穿墨绿色上襦和米色碎花背带裙，袖口微微挽起，肩上披一方暗绿色披巾，胸前打结。左臂上抬，手托一幅卷轴；右臂自然下垂，手拎一只陶壶，红丝履只有在快速跑动的时候才会在裙底露出鞋尖。

一、螺髻——乌发盘顶，形似螺壳

《古今注》记载：“童子结发，亦为螺髻，亦谓其形似螺壳。”

螺髻是一种形似螺壳的发型，本是儿童的发式，后来发展为女性常见发型，根据发髻的数量可分为单螺髻、双螺髻等。这类发髻在北朝命妇群体中相对比较流行，贵族女性多梳单螺髻，侍女多梳双螺髻。

贵妇梳单螺髻时，多先将头发全部梳到头顶，再沿着固定的方向盘在头顶上。侍女梳双螺髻时，多将头发中分为两股，分别在头顶对称两侧盘两到三圈。根据《北齐校书图》，侍女梳双螺髻的同时，还在额前作卷螺纹。

▲《北齐校书图》中梳双螺髻的侍女

根据沈从文先生的研究，螺髻的流行与佛教有莫大关系。沈先生在其著作《中国古代服饰研究》中写道："北朝因迷信佛教，根据传说，佛发多作绀青色，长一丈二，向右萦旋，作成螺形，因此流行'螺髻'，不少人把头发梳成种种螺式髻。"

二、碎花背带裙——腰缀窄带，套头可穿

背带裙由裲裆发展而来，有双背带和单背带两种形制，裙高至胸，腰间不束带，裙内一般穿圆领小袖衣。

山西太原北齐张海翼墓出土的女侍俑身穿背带裙，背带裙后有非常密的褶，且垂褶部分很长，需要将这部分裙子抓在手里才能正常走动。山东淄博崔氏墓出土的女仆俑所穿背带裙长度适宜，刚到脚面，前后左右各掐了四处褶。河南洛阳永宁寺遗址出土的影塑菩萨身穿单背带裙，裙腰在腰部，四周掐有比较均匀的褶。由此可以推测，魏晋南北朝时期的背带裙都是有褶的。

碎花背带裙是一种有碎花图案的背带裙，裙上的碎花简单素雅，衬得主人优雅文静。《北齐校书图》中的侍女所穿长裙便是碎花裙。

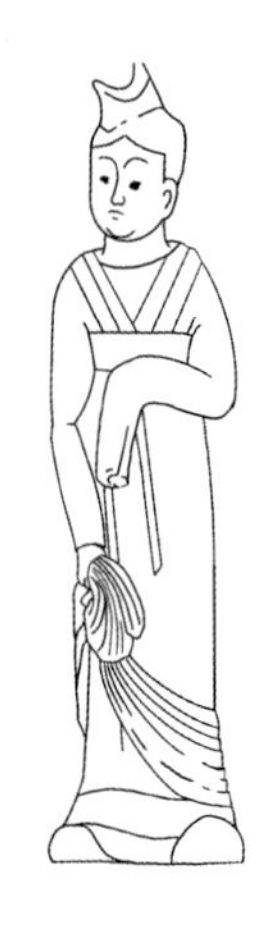

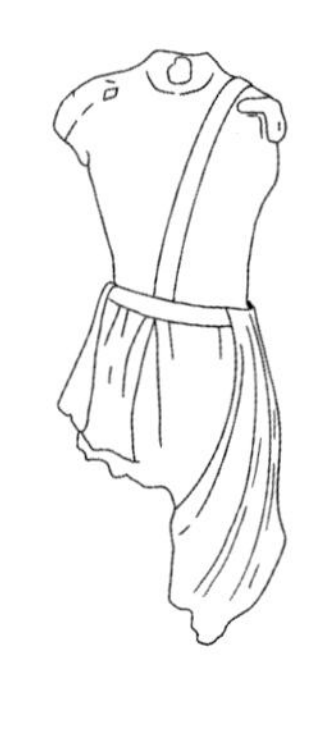

◀ 河南洛阳永宁寺遗址出土的影塑菩萨（局部）线描图

▲《北齐校书图》中的碎花裙

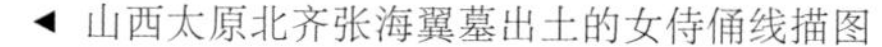

◀ 山西太原北齐张海翼墓出土的女侍俑线描图

头梳双螺髻、身穿碎花背带裙的侍女

三、披巾——披于肩背，迎风散香

《说文·巾部》载：“裙，绕领也。段成式注：‘然则绕领者，围绕于领，今男子、妇人披肩其遗意。’”

（一）披巾

披巾也称披帛、帔子，类似于现代的披肩，是妇女专用的服饰，多由较为轻薄的纱罗面料制作而成，有些比较讲究的还会在披巾上绣花或绘彩。

（二）魏晋南北朝时期的披巾

披巾始见于秦汉，兴盛于唐朝，魏晋南北朝时期也常有女子肩披披巾，五代冯鉴《续事始》引《实录》云：“西晋永嘉中，制绛晕帔子。”《北齐校书图》中最左侧的侍女肩上便披着深绿色的披巾，披巾在胸前打结，既能保暖防寒，又能避免干活时脱落。

▲《北齐校书图》中肩披深绿色披巾的侍女

魏晋南北朝时期较为流行红色披巾。南朝梁徐君茜诗《初春携内人行戏诗》中有“树斜牵锦帔，风横入红纶”一句，描述了徐夫人披着锦制成的红色披巾形象；北周庾信诗《奉和赵王美人春日诗》中有“步摇钗梁动，红纶帔角斜”一句，描述了美人披着红纶帔的形象。

（三）唐代披巾

唐开元以前，披巾多为宫娥、歌姬、舞女等所披；开元后，披巾开始在民间流行，成为市井妇女的心爱之物。这一时期的披巾根据形状可以分为两类：一类横幅较宽、长度较短，多披在肩膀上，陕西乾县唐永泰公主墓出土的石刻人物所披的披巾便是此类；一类横幅较窄、长度很长，多垂在后腰或前胸、缠绕于双臂，行走时宛若两条飘带，《簪花仕女图》中贵妇的披巾便是这一类。

《中华古今注》记载：“（披帛）古无其制。开元中，诏令二十七世妇及宝林御女良人等寻常宴参侍，令披画披帛，至今然矣。”宋高承《事物纪原·帔》记载：“开元内令披帛，氏庶之家女子在室披帛，出适人则披帔子。”这说明自开元后，披巾已经成为一种比较重要的礼仪服饰。

▲ 陕西乾县唐永泰公主墓出土的石刻人物线描图

► 《簪花仕女图》中双臂绕披巾的仕女

四、裤褶——短衣长裤，用料奢侈

《南史·王裕之传》记载:“左右尝使二老妇女，戴五条辫，着青纹裤褶，饰以朱粉。”

裤褶（gē）是南朝贵族家中侍女常穿的一类服饰，上衣较短，下裤较长。《南史》中记载的裤褶为“青纹裤褶”，《世说新语·汰侈》中记载的裤褶为“绫罗裤褶”，这说明制作裤褶的材料一般为丝织品。

五、敞领襦裙——上襦敞领，下裙齐胸

南朝齐梁时期，女性常服发生了一些改变，上襦领口变得极大，近乎露肩；下裙腰线上移，近乎齐胸，且腰带较宽，存在感十足。四川地区南朝梁佛造像背面的女侍者基本都梳飞天髻或双髻，穿敞领襦裙。

头梳双环髻、身穿敞领襦裙的侍女

场景十四 舞女为客人跳白纻舞

酒宴上，主客推杯换盏，尽情说笑。舞女为客人带来一曲白纻舞，八名舞女列队整齐，梳着各式各样的鬟髻，头上插满金银铜花装饰和雀形发钗，身穿大袖襦裙，外罩碧轻纱衣，纱衣上有云凤图案，莲步轻移，纱衣下的坠珠锦履若隐若现。舞女时而高抬双臂，令大袖滑下，露出凝雪皓腕，双手作飞鸟状，振翅待飞，形神兼备；时而低垂两袖，舞袖徐转，宛若龙移，神采飞扬；时而以袖遮面，只留一双善睐明眸，缓步轻摇，环佩细响，如春风掠柳枝，似百花竞开放。

一、白纻舞——魏晋流行，桓温所爱

《宋书·乐志》记载：“白纻舞，按舞辞有巾袍之言，纻本吴地所出，宜是吴舞也。”

白纻舞是我国古代著名的乐舞，最早出现于三国时期的吴国地区，是一种流行于魏晋南北朝时期的袖舞。吴国地处长江中下游地区，降雨充沛，温暖湿润，盛产纻麻，当地人用纻麻织布，织成的布被称作“白纻”，制造白纻的女工闲暇时跳舞以自娱，白纻舞由此产生。

魏晋南北朝时期的白纻舞经历了两个发展阶段：第一阶段是三国至魏时期，这一时期的白纻舞是劳动人民的舞蹈，因舞者多为平民百姓，所以舞女穿着朴素，很少佩戴金银首饰；第二阶段为晋至南北朝时期，这一时期的白纻舞进入贵府和宫廷，成为贵族男女的常备娱乐节目，为了呈现更好的视觉效果，舞女衣着华丽，佩戴各种精巧首饰。

东晋大司马桓温喜爱白纻舞，常带下属和舞女一同上山，要求舞女在山中翩翩起舞，该山因此被改名“白纻山”。晋代《宣城图经》记载：“宣州白纻山在县东五里，本名楚山。桓温领妓游此山奏乐，好为《白纻歌》，因改为白纻山。”

白纻舞女的妆容、发型、服饰、配饰等均无图像资料或出土实物佐证，仅能依靠当时比较流行的白纻舞辞来略观一二。

二、舞女妆容——青蛾朱唇，傅粉香薰

南朝宋刘铄《白纻曲》中有“佳人举袖耀青蛾”句，南朝梁张率《白纻歌》中有“流津染面散芳菲”句，唐柳宗元《白纻歌》中有“朱唇掩抑悄无声”句，均说明白纻舞女的妆容特点为青蛾、朱唇和白面：青蛾即眉毛描得翠绿（接近黑色的墨绿色），朱唇即嘴唇涂得鲜红，白面即面部用白粉装饰。

由于舞女的姿容也是舞蹈的一部分，所以为了能令坐在远处的人看清舞女容貌，醒目的白面、翠眉、红唇是最好的选择。

三、舞女发型——云髻峨峨，修眉联娟

唐代的《通典·乐典》记载："舞四人，碧轻纱衣，裙襦大袖，画云凤之状，漆鬟髻，饰以金铜杂花，状如雀钗，锦履。"

白纻舞女一般梳鬟髻，单鬟髻、双鬟髻、三鬟髻、多鬟髻等都有可能，由于魏晋南北朝时期出现了假髻且比较流行，所以推测白纻舞女可能会在头上戴假髻，梳出比较复杂的鬟髻，用繁复精美的发髻为舞蹈增色。

四、舞女服饰——纻麻材质，裙襦大袖

晋佚名《白纻舞歌诗》云："质如轻云色如银，爱之遗谁赠佳人。制以为袍余作巾，袍以光躯巾拂尘。"

一开始，白纻舞女的服饰是由白纻制成的，随着白纻舞自民间进入贵府宫廷，为了更好地展现舞姿，舞女的服饰改由纱等轻薄面料制作，面料质若轻云，色如白银，制成的舞服可以给观众以朦胧隐约、皎洁光明之美。

根据《白纻舞歌诗》的描写，白纻舞女身穿舞衣头戴巾，舞衣和头巾都是由同一种面料制成的。南朝齐王俭作《齐白纻》中还有"罗袿徐转红袖扬"句，说明除了银色舞裙，还有红色舞裙。而根据《旧唐书·音乐志》的记载，白纻舞女身穿大袖裙襦，外罩碧轻纱衣，纱衣上有云凤图案。

魏晋时期，受到当时社会风气的影响，白纻舞女身穿宽口博袖的上襦，《白纻舞歌诗》中"高举双手白鹄翔"描绘的便是白纻舞女身穿博袖裙襦时双臂上抬、袖管滑落，露出的白皙双手如白天鹅的场景。南北朝时期，白纻舞女的舞袖变为长袖，南朝宋汤惠休《白纻歌》中提到"长袖拂面心自煎"，南朝沈约《冬白纻》中提到"长袖拂面为君施"，均可看出舞袖已经由博袖发展为长袖并基本固定下来。所以，白纻舞女除了穿大袖裙襦，还会穿长袖裙襦。

南朝宋时期的诗人鲍照在《白纻歌六首》中有"珠屣飒沓纨袖飞"一句，说明白纻舞女穿的鞋子是珠履，即用珠子装饰的鞋子。

▲ 云凤纹示意图

不戴首饰、身穿银白色大袖裙襦的舞女

戴首饰、身穿云凤纹碧轻纱衣长袖裙襦的舞女

五、舞女配饰——金铜杂花，雀形发钗

根据《旧唐书·音乐志》的记载，白纻舞女的首饰主要有金铜杂花和雀形发钗。金铜杂花类似于前文提到的花钿，用金、铜制成，固定在发髻上作为装饰；雀形发钗是形状像雀的发钗。另外，唐杨衡《白纻歌二首·其二》中有“玉缨翠佩杂轻罗”句，南朝宋鲍照《白纻歌六首·其二》中有“垂珰散佩盈玉除”句，这说明除金铜杂花、雀形发钗等配饰，白纻舞女腰间还佩戴缨、玉等装饰物。

六、其他流行舞蹈——鸲鹆舞劲，安乐舞胡

（一）鸲鹆舞

《晋书·谢尚传》记载：“始到府通谒，（王）导以其有胜会，谓曰：‘闻君能作鸲鹆（qú yù，八哥）舞，一坐倾想，宁有此理不？’（谢）尚曰：‘佳。’便著衣帻而舞。导令坐者抚掌击节，尚俯仰在中，傍若无人，其率诣如此。”

鸲鹆舞是晋代的舞蹈，因舞者模拟鸲鹆姿态而得名，舞姿矫健，气势奔放。东晋谢尚善此舞，唐卢肇《鸲鹆舞赋》描述他的舞姿：“公乃正色洋洋，若欲飞翔。避席俯伛，抠衣颉颃。宛修襟而乍疑雌伏，赴繁节而忽若鹰扬。”

根据上文中谢尚受邀跳鸲鹆舞，“便著衣帻而舞”的记载，可以从侧面说明鸲鹆舞需要更换舞衣，舞衣包括衣和帻两部分。因鸲鹆舞是对鸲鹆姿态的模仿，舞者不免摆动双臂做振翅状，相比于大袖宽衣，较为合身的窄衣打扮更适合该舞蹈。

（二）安乐舞

《旧唐书·音乐志》记载：“安乐者，后周武帝平齐所作也。行列方正，象城郭，周世谓之城舞。舞者八十人，刻木为面，狗喙兽耳，以金饰之，垂线为发，画猰皮帽。舞蹈姿制，犹作羌胡状。”

安乐舞流行于后周，是一种受少数民族风俗影响很大的舞蹈。根据《旧唐书》的记载，舞者脸戴木制面具，面具做成狗头状，刻有兽耳，涂金装饰，头发不梳髻，而是编成小辫自然垂下，上戴猰（jiá）皮帽。

场景十五　乐女乐工演奏乐器

客人落座，舞女就位，丝弦起，美乐生。一乐女头梳高髻，发髻拢到额上，圆润似球，身穿青色大袖对襟衫和紫色长裙，怀抱阮咸，玉手轻弹，妙音频出。另有两乐女头梳不聊生髻，身穿红白间色襦裙，一人吹箫，一人弹奏琵琶，箫声弦音相互应和。乐工皆头戴平巾帻，身穿绯裤褶，一手拿槌，一手拿鼓，眼睛盯着舞女动作，伺机以槌击鼓，令鼓点与步点契合。

一、大袖对襟衫——对襟大袖，腰带宽博

衫是一种以轻薄纱罗制成、不用衬里的上衣，一般做成对襟，用襟带相连，也可不做襟带，直接敞怀穿。衫的衣袖一般比较宽博，袖不施袪。魏晋时期，文人逸士好穿衫，以显飘逸；南北朝时期，裤褶、窄袖袍等胡服较流行，穿衫者逐渐减少；五代时，衫再度流行。

北朝出土了一件怀抱琵琶、身穿大袖对襟衫裙的乐女俑，成都蜀锦织绣博物馆以该俑为灵感，复原了一件魏晋南北朝时期的衫裙，上衣面料为豆绿色几何纹锦，下裙面料为黑地朵云纹锦。

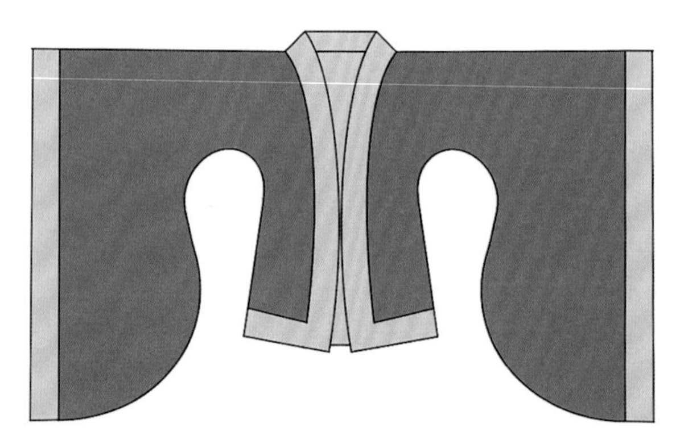

▲ 大袖对襟衫形制图（根据成都蜀锦织绣博物馆复原实物绘制）

二、不聊生髻——三股发髻，形制散乱

南朝梁刘昭注《后汉书·五行志》记载：“冀妇女又有不聊生髻。”

不聊生髻是一种汉代发髻，因形制散乱而得名，魏晋南北朝时期的壁画中也常见此

发型。例如甘肃酒泉丁家闸十六国墓出土壁画《乐伎图》中乐女的发型便是不聊生髻，通过观察壁画可以发现，这一发型与汉代流行的三角髻有些类似，也许就是由三角髻发展而来的。

东汉班固《汉武帝内传》记载：“（上元夫人）头作三角髻，余发散垂至腰。”三角髻即梳三个发髻，先将头发按照前、后、左、右分为四股，再将前、左、右的头发挽成发髻，把后面的头发散垂下来。现存于洛阳博物馆的三彩垂练髻俑的发型与三角髻的描述比较接近。《乐伎图》中乐女的发型从正面看正好是分了三个髻，不聊生髻很有可能就是比较散乱的三角髻。

▲ 三彩垂练髻俑（南陌摄于洛阳博物馆）

▲ 梳不聊生髻的人物形象描摹图
根据甘肃酒泉丁家闸十六国墓壁画中的《乐伎图》绘制

三、平巾帻——帽屋较平，仆役服绿

平巾帻又称平上帻，与前文所述的介帻等是同类首服，介帻帽屋呈“人”字状，平巾帻则是一种帽屋比较平的帻，后部稍比前部高，多用作冠的衬垫物。乐工身份卑微不戴冠，所以头上只剩平巾帻。

魏晋南北朝时，奴仆杂役所戴的平巾帻为绿色。颜师古注《汉书·东方朔传》曰：“绿帻，贱人之服也。”当时，绿色主要由石绿、荩草染成，但实际上人们更多选用黄色和蓝色套染的方式为衣物染绿。

这一时期的绿色和现代的绿色不太一样，宋陈彭年、邱雍等人奉旨编撰的《广韵》中将绿色解释为“青黄色”，唐孔颖达《孔颖达疏》曰：“绿，苍黄之间色。”

四、绯裤褶——朱衣白裤，红花染制

裤褶是一种上衣下裤的搭配，绯指红色，所以绯裤褶是指红衣红裤。根据魏晋南北朝时期的出土陶俑和各类壁画来看，红色是当时应用比较多的颜色，这一时期的红色染料主要由朱砂、红花制作而成，其中朱砂比较昂贵，所以中下层人家服装上的红色基本来源于红花。洛阳北魏杨机墓就出土了一对牵手女俑，身穿裤褶，朱衣白裤。

▶ 牵手女俑（芝麻糖葫芦摄于洛阳博物馆）

五、染布工艺——草染为主，石染为辅

（一）染色方法

魏晋南北朝时期的染色方法主要有浸染法和印染法两种：其中浸染法是将织物全部浸入染液中，使织物全部染色，根据浸染次数又可分为一染、二染、三染等，每多染一遍，颜色便加重一分，以此起到丰富织物颜色的目的；印染法主要包括印绘和染缬，是一种局部染色工艺。

染布常用的染料有两种：一种是植物染料，即从植物中提取出来的染料。由于夏秋两季气温较高且雨水充足，便于提取植物染料，所以染布工作一般在夏秋两季进行，《周礼·天官·染人》记载："凡染，春暴练，夏纁玄，秋染夏，冬献功。"一种是矿物质染料，即从矿石中提取出来的染料。

（二）常见染料

1. 草染染料

（1）染红：染红常用的植物染料为茜草和红花。茜草又名地血、风车草、过山龙等，是一种多年生草本植物，根部呈红色，秋天挖出根后晒干切片，用热水浸泡，可以得到浅黄色的染剂，加入明矾、草木灰等媒染剂后变为绛红色。西汉之前，茜草是用于染红的主要草染染料；西汉后，红花代替茜草成为最常用的红色染料。

红花又名红蓝、黄蓝，是一种菊科植物。魏晋时期，红花染布的技术已经相当成熟，《齐民要术》记载："摘取即碓捣使熟，以水淘，布袋绞去黄汁，更捣，以粟饭浆清而醋者淘之，又以布袋绞汁，即收取染红勿弃也。绞讫著瓮器中，以布盖上，鸡鸣更捣令均，于席上摊而曝干，胜作饼，作饼者，不得干，令花浥郁也。"红花染成的织物色彩鲜艳，

染成的颜色被称作真红、干红或猩红。

魏晋时期，南方人还利用苏枋制作红色颜料，往苏枋水中加入含金属盐的水即可使之变为深红色。西晋嵇含《南方草木状》记载：“苏枋，树类槐花，黑子，出九真，南人以染绛，渍以大庾之水，则色愈深。”

（2）染黄：染黄常用的植物染料为郁金和栀子。郁金因为花香芬芳，所以制成的染料也带有香气，染成的织物也花香扑鼻，因此深受贵族女性的欢迎，但是郁金染成的织物不耐曝晒。唐姚思廉《梁书·中天竺国传》记载：“郁金独出罽宾国，华色正黄而细，与芙蓉华里被莲者相似。”

栀子又名黄栀子、枝子，将果实摘下用凉水浸泡，然后煮沸，便可得黄色染液。南朝梁陶弘景《名医别录》记载：“栀子处处有之，亦两三种小异，以七棱者为良。经霜乃取，入染家用。”

唐代以后，槐花也可用于制作黄色染料。

（3）染绿：染绿常用的植物染料为荩（jìn）草。荩草别名绿竹，可以染绿，也可以染黄，东汉《神农本草经》记载：“荩草，叶似竹而细薄，茎亦圆小。生平泽溪涧之侧，荆襄人煮以染黄，色极鲜好。”

（4）染紫：染紫常用的植物染料为茈莂（zǐ liè）。茈莂又称紫草、紫芙、紫丹，利用其根茎制作紫色染料时，必须加椿木灰、明矾等媒染剂，否则不能着色。

（5）染蓝：染蓝常用的植物染料为靛青。靛青即蓝草，取其茎叶碾碎投入缸中，浸泡多日后取出，兑入适量石灰制成染料。由于蓝草是一年生植物，汉代以前，人们必须在特定时间采集其茎叶制作染料；汉代以后，人们克服了蓝草种植、收割的季节性限制，染蓝更加便利。《齐民要术》记载：“刈（yì）蓝倒竖于坑中，下水，以木石镇压，令没。热时一宿，冷时再宿，漉去荄（gāi），内汁于瓮中。率十石瓮，着石灰一斗五升，急手抨之，一食顷止。澄清，泻去水。别作小坑，贮蓝淀著坑中。候如强粥，还出瓮中，蓝靛成矣。”

2. 石染染料

汉郑玄注《周礼·天官·染人》记载：“石染当及盛暑热润始湛研之，三月而后可用。”

（1）染红：染红常用的矿石染料为朱砂和赭石。朱砂也称丹砂，主要成分为硫化汞，早在商周时期便被用于织物染色，西汉以后，炼丹术发展成熟，人们在阴差阳错中掌握了生产朱砂的方式，并对朱砂的化学性质有了基本的了解。晋葛洪《抱朴子·金丹》记载：“丹砂烧之成水银，积变又还成丹砂。”用朱砂染的布色泽鲜艳且耐保存，但由于价格比较昂贵，所以多用于贵族男女衣物染色。赭石的主要成分为三氧化二铁，染色效果较朱砂更暗，在染布中应用不广，主要用于绘画。

（2）染黄：染黄常用的矿石染料为雌黄和雄黄。雌黄的主要成分为三硫化二砷，雄黄的主要成分为四硫化四砷，两者并称石黄，常用于制作黄色染料，其色纯正，呈中黄色。根据唐张彦远《历代名画记》记载，雌黄为金黄色，雄黄为橙黄色。

（3）染青：染青常用的矿石染料为扁青。扁青的主要成分为碱式碳酸铜，是一种蓝铜矿，其色青翠无瑜。余剑华注《历代名画记》曰："扁青，上品石绿，有孔雀石、蛤蟆背、狮头绿，以沙少而色脆嫩者为佳。"

（4）染绿：染绿常用的矿石染料为石绿。石绿即铜绿，是自然生成的铜绿，用刀刮下即可用于染色。铜绿是铜生锈得到的，有人为了得到大量铜绿，将醋喷在铜上，加快其生锈速度。石绿所染颜色介于青、绿之间，色彩非常鲜亮。

场景十六　男仆伺候主人外出

主人即将外出，男仆戴好遮阳防晒的莲叶帽，穿上直袖对襟褶衣和缚腿裤，脚蹬轻便小履，早早跑到门外，站在担舆旁安静候着。过了良久，主人才姗姗来迟，坐上担舆。

一、莲叶帽——帽檐高翘，形似卷荷

唐李延寿《北史 · 萧詧》记载："担舆者，冬月必须裹头，夏日则加莲叶帽。"

莲叶帽也称卷荷帽，是一种大檐帽，因帽檐上翘、形似莲叶而得名。河南邓州画像砖中人物所戴的帽子便是莲叶帽，该画像砖线条清晰，可以比较清楚地看出莲叶帽的形制。莲叶帽由帽屋和帽檐两部分组成，其中帽屋上尖下宽如宝塔且顶上插有装饰物，与清朝官帽上的顶戴花翎比较相似，前帽檐大且上翘，后帽檐小且下扣。

根据《北史》中"夏日则加莲叶帽"的描述推断，莲叶帽很有可能是一种纱帽，由藤蔑为骨架，外覆乌纱，既遮阳，又透风，正适合外出者戴。

◀ 河南邓州画像砖中戴莲叶帽的人物描摹图

二、缚腿裤褶服——膝处扎带，似喇叭裤

《南史·沈庆之传》记载：“及湛被收之夕，上开门召庆之，庆之戎服履袜缚裤入，上见而惊曰：‘卿何意乃尔急装？’庆之曰：‘夜半唤队主，不容缓服。’”

缚腿裤是一种在靠近膝盖处扎绑带以求行动便利的服饰，由于膝盖处被扎紧，所以显得裤腿像喇叭，似现代的喇叭裤。一开始多由奴仆、武士穿着，搭配便于行走的小履。

▶ 河南邓州画像砖中小口缚腿裤褶服描摹图

魏晋南北朝时期的裤比较肥大，因为有钱有闲的人不需要疾走快跑，可以着肥大的裤腿踱步。但是对于奴仆、武士来说，他们不时就要应声狂奔，若不将裤腿缚起来，肯定要被绊倒。缚腿裤褶服始见于三国，流行于魏晋，到南北朝时期已经由一种设计巧思变为专门的服饰，不仅奴仆、武士穿着，而且在贵族士人群体中流行起来，北魏甚至将缚腿裤纳入冠服制度，成为官员朝服的重要组成部分。

南北朝时期也流行一种小口裤褶，即袖口和裤脚都比较窄的上衣下裤组合，常搭配皮靴。虽然裤腿较窄，但仍旧在近膝盖处扎绑带，这一时期的缚腿裤褶服可能美观性大于便利性。

除了在近膝盖处扎绑带，这一时期的人们还会在脚踝至小腿处缠绑布带以便于行走。男性用于裹腿的布带被称作“行滕（téng）”，多由武士使用，《三国志·吴书·吕蒙传》记载：“蒙阴赊贳，为兵作绛衣行縢”。女性用于裹腿的布带被称作“行缠”，多由舞女使用，南朝陈无名氏《双行缠》中有“新罗绣行缠，足趺如春妍”两句，说明女性所用行缠由罗制成，有些人还会在其上刺绣作为装饰。

三、其他装扮——袍不及地，裤腿扎紧

伺候主人出行是侍从的重要工作内容之一。当时的侍从可以看作主人的私产，所以侍从服饰一般取决于主人的审美和习惯。通过收集和分析魏晋南北朝时期伺候主人出行的侍从图像资料，发现虽然侍从服饰不固定，但也有一些共同点，一是大多为短衣打扮，下身穿裤，袍不及地；二是腿脚比较利索，穿小脚裤或扎紧裤腿，穿靴或草鞋。

（一）《女史箴图·班姬辞辇》中抬辇侍从服饰

《释名·释首饰》记载：“缅（xǐ），以韬发者也，以缅为之，因以为名。”

漆纱是一种表面涂漆、比较硬挺的面料，又称缅，多为丝、麻材质。漆纱笼冠出现在魏晋时期，但漆纱工艺早在周朝便已基本成熟。中国社会科学院考古研究所“临淄齐故城冶铸业考古”项目组在临淄齐故城阚家寨遗址发掘出了一块丹漆纱残片，该残片是将研磨得非常细腻的朱砂和大漆混合，均匀涂在织物表面上得到的。漆是漆树的汁液，刚从漆树中流出来时是液体，干燥后变成固体，不仅非常硬挺，而且防水、耐腐蚀。漆除了可以用于制作漆纱，还可用于制作漆器，表面涂有生漆的漆器不仅千年不腐，而且光洁如新。

漆纱笼冠是一种用黑漆细纱制作而成的平顶冠，整体似圆筒，两边有耳垂下，用丝带系脖固定，最早出现在汉代，男女皆可用。《女史箴图》中的抬辇侍从和《洛神赋图》中陈思王曹植身边侍从戴的都是漆纱笼冠，侍从上身穿交领半身袍，攘袖至肘，下身光腿或穿大口裤，脚穿翘头履，似没有着袜。

江苏盱眙大云山汉墓出土了一小块漆纱，可能是制作冠的材料。通过分析这块漆纱，可以大概推断漆纱笼冠的制作方式：首先将丝、麻面料裁剪成相应的形状并缝制起来，然后利用特定器具支撑面料起到塑形作用，最后在面料表面均匀涂上大漆，晾干即可佩戴。

▶ 顾恺之《女史箴图》中头戴漆纱笼冠的抬辇侍从描摹图

（二）大同北魏司马金龙墓朱漆彩绘屏风中抬辇侍从服饰

山西大同北魏司马金龙墓出土朱漆彩绘屏风上的《班姬辞辇图》中，抬辇侍从头戴平巾黑帻，上身穿红、青色交领半身袍，下摆有异色缘饰，腰间围黑色细腰带，下身穿黄、白大口七分裤，小腿处系带扎紧裤腿，脚穿高鞠黑靴。

▶ 山西大同北魏司马金龙墓朱漆彩绘屏风中的抬辇侍从

（三）北朝宁万寿孝子棺石刻中抬板舆侍从服饰

河南洛阳出土的北朝宁万寿孝子棺石刻中抬板舆的侍从头梳双丫髻，不戴冠帽或头戴布弁，身穿敞领窄袖上衣和小口缚腿裤，脚穿麻鞋，胸腰之间围有宽腰带，腰带用系带打结固定。

▲ 河南洛阳北朝宁万寿孝子棺石刻线描图

（四）少数民族侍从服饰

南朝梁武帝萧衍《河中之水歌》记载："珊瑚挂镜烂生光，平头奴子擎履箱。"

魏晋南北朝时期，豪贵人家往往蓄养胡奴，相比于汉奴，胡奴善骑射、力气大，还会照管马匹牲畜，因而受到有钱人的青睐。《三国志·魏书·陈泰传》记载陈泰在并州做刺史时，"护匈奴中郎将，怀柔夷民，甚有威惠。京邑贵人多寄宝货，因泰市奴婢，泰皆挂之于壁，不发其封，及征为尚书，悉以还之"。这一时期，富豪石崇用百匹绢购买了一名叫宜勤的胡奴，宜勤"力能举五千斤，挽五石力弓，百步穿钱孔"，但是为人懒惰，不爱干活。尽管如此，石崇仍然愿意养着他，因为蓄养胡奴已经成为彰显家财的重要方式了。

胡奴虽然居住在汉人家中，但是仍保留本民族的风俗习惯，男性散发或梳辫发，不梳髻，不戴巾冠，因为头顶平坦，也被称作"平头奴"。

► 《北齐校书图》中的胡奴形象

（五）北齐徐显秀墓壁画《墓主夫人出行图》中的随行侍从服饰

山西太原的北齐徐显秀墓壁画《墓主夫人出行图》中随行侍从的服饰比较统一，均穿窄袖交领长袍，袍长至小腿处，恰好可以露出一截裤子和完整的靴子。靴子形制比较有特点，靴筒由下至上逐渐增大，与小腿不贴合。腰间系着革带，革带位置较低，可以在视觉上拉长上身，更显魁梧、沉稳。各随行侍从的首服存在差异，其中一个侍从的帽子比较有特点，从正面看，形状像一个“山”字。这是风帽的一种，被称作“三棱风帽”，结合同墓出土的三棱风帽俑，可以推断这种帽子后面有垂裙和系带。

▲ 三棱风帽

▲ ① ②北齐徐显秀墓壁画《墓主夫人出行图》中的随行侍从

东晋陶渊明名篇《桃花源记》中记叙了武陵渔夫因为迷路而进入桃花源的故事，文中有一句“其中往来种作，男女衣着，悉如外人”，但是后文又称这些人是“先世避秦时乱，率妻子邑人来此绝境，不复出焉，遂与外人间隔”。这些先秦人隐居于此，从来不出去，怎么会“衣着悉如外人”呢？其实这正符合我国古代实际情况，一般来说，当新的王朝建立或新的当权者上位，大多会改装换制，但一般仅限于贵族、官员等上层人士，对于普通百姓来说，除非有特别严格的诏令出台，他们是不会改变装束的。所以自古以来，王朝更迭，各朝代服饰特点分明，但劳动人民的服饰基本不变。

场景十七　春日里农夫在田中耕地

春日融融，草长莺飞，正是开荒耕地的好时节。勤劳的农夫牵着自家的老黄牛在田中耕地，一手挽缰绳并扶犁，一手扬鞭，催促着老黄牛快些干活。农夫头戴黑色的偏叠缲头，身穿朱缘交领小袖衣和小口布裤，脚踩廉价的草履，看到远处来的乡邻，忙挥手示意，露出外衣上的补丁。

一、偏叠缲头——长形布条，额前打结

（一）偏叠缲头

汉扬雄《方言》记载：“幅巾之名自关西秦晋之郊曰络头，西楚江湘之间曰陌头，自河北赵魏之间曰缲头……其偏者谓之鬢（kuì）带，或谓之鬃（cài）带。”晋郭璞注：

“今之偏叠幧头也”。

偏叠幧头也称鬓带，又称幧（qiāo）头、绡（xiāo）头、陌（mò）头、络（luò）头等，是一种从后往前扎并在额前打结的头巾，《释名·释首饰》云：“绡头，绡，钞也；钞发使上从也。或曰陌头，言其从后横陌而前也。”一般做得比幅巾窄些，以方便绕头一圈打结，与今天陕北地区人们戴的白羊肚手巾类似。偏叠幧头除了直接扎在头上以外，还可以扎在帽子外面，河南洛阳北魏永宁寺中有一帽外扎巾的塑像，塑像人物头戴小帽，帽外扎头巾，于脑后绞拧固定。

▲ 带偏叠幧头的农夫形象

▲ 洛阳北魏永宁寺塑像线描图

（二）幧头颜色

古代普通民众多戴黑色或青色的幧头，一般来说，奴仆扎青色幧头，被称作“苍头”；庶民扎黑色幧头，被称作“黔首”。后来，苍头和黔首演变为用于称呼仆役和庶民的专用词。一般来说，除了有特别严格的诏令出台，平民百姓很少改变幧头颜色。

魏晋南北朝时期，求仙问道的氛围非常浓郁，一些一心向道、渴望成仙的人会戴绛红色的绡头，南朝宋裴松之注《三国志》引晋虞溥《江表传》曰：“昔南阳张津为交州刺史，舍前圣典训，废汉家法律，尝着绛帕头，鼓琴烧香，读邪俗道书，云以助化，卒为南夷所杀。”

二、交领小袖衣——节省布料，方便劳作

交领小袖衣是一种交领、袖口较窄、长度将到膝盖的袍服，在靠近腰部的领襟和侧缝处各有两根系带，穿着时两两系结以固定衣襟。通过观察这一时期画像砖，可以发现画像砖中劳动者所穿交领小袖衣的领口、袖口和下摆均有红色装饰，推测朱缘交领小袖衣是这一时期劳动人民群体中的流行服饰。

魏晋南北朝时期的布料弹性较差，且布帛是可以作钱用的，即使是廉价的麻布，也

具有交换的价值。所以对于劳动人民来说，他们必须寻找一种既节省面料又保证活动不受限的裁剪方式，即做小袖衣裤，或在手腕、脚踝处拴绳固定。

农民春耕夏种，秋收冬藏，劳动量很大，衣服很容易破损。由于布帛珍贵，他们通常选择在破损处打补丁而不是直接换新衣服，这种打满补丁的衣服被称作“鹑（chún）衣”，唐代诗人杜甫在《风疾舟中伏枕书怀三十六韵奉呈湖南亲友》中叙述自己的艰难贫困：“乌几重重缚，鹑衣寸寸针。”

▶ 甘肃嘉峪关魏晋墓砖画中身穿朱缘交领小袖衣的农民描摹图

三、小口布裤——裤脚狭窄，便于行动

布裤是用棉麻织物制成的裤子，多由穷人穿着。小口布裤并不是直接做成小脚裤，而是在穿着时用绳子将脚踝处的裤子勒起来，既方便腰臀活动，又能有效避免裤腿乱飞导致的劳作效率降低。有时候，为了方便劳作和避免耕地翻起的黄泥弄脏布裤，农人索性穿长度仅到膝盖的布裤，赤脚劳作，这样耕完地后只需要去河边洗洗腿和脚上的污泥就可以了，不需要另洗衣服。

▶ 甘肃嘉峪关魏晋墓砖画中穿短裤打赤脚的农民描摹图

四、草履——价格低廉，俗名“不借”

（一）草履

草履即草鞋，是由蒲草、芒草等材料编织而成的鞋。编织得比较精细的草履可供贵族穿着，编织得比较粗糙的草履则多由穷人穿着，下文叙述的草履为第二种。

草履制作成本较低，价格低廉，有些士人为表示自己生活简朴，也会穿草履。由于草鞋易得，人人皆有，不需要借来借去，所以有“不借”的俗名，也有人说“不借”其实是“不惜”，是草鞋廉价易得，不需要珍惜的意思。

草履的制作材料易得，且制作方式比较简单。先将芒或麻搓成绳，然后一圈一圈围起来做成鞋底，最后留些草绳做鞋面即可。很多穷苦百姓都有自己做草鞋的技术，有些人还会多做些草鞋拿到市场上去卖，卖给那些家境稍富裕但是仍穿不起丝履和皮靴的人。

《三才图会》中绘制的草鞋类似于现代的凉鞋，没有完整的鞋面，只有几根草绳交叠在脚面上以保证脚底与鞋底不分开。

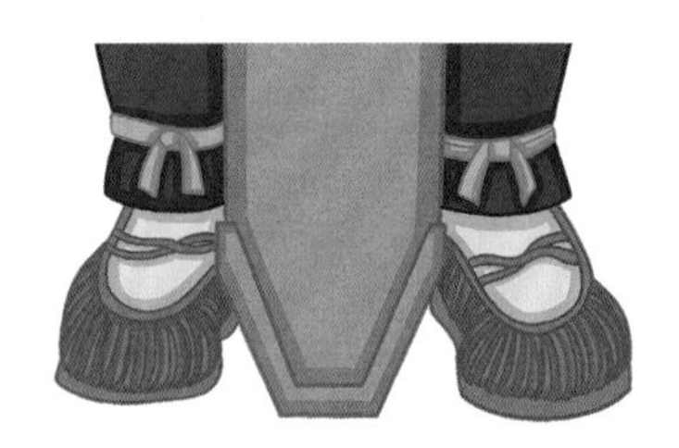

▲ 草履

▲ 《三才图会》中的草鞋

（二）穷苦百姓穿的鞋

1. 麻鞋

唐王叡《炙毂子杂录》记载：“（鞋）至周以麻为之，谓之‘麻鞋’，贵贱通着。”

麻鞋是指用麻布制作成的鞋，自周代便出现，不论尊卑贵贱均可穿着。魏晋之后，比麻鞋穿着更舒适、看起来更美观的丝鞋开始流行，麻鞋便基本成为劳动人民的专用鞋。湖北宜昌金家山 9 号墓出土了周代麻鞋实物，该麻鞋由麻布缝合而成，长约 20 厘米，宽约 9 厘米，深约 4 厘米。汉代以后的麻鞋形制各异，湖北江陵凤凰山出土的麻鞋为歧头麻鞋，新疆阿斯塔那唐墓出土的麻鞋不是由麻布缝制而成的，而是由麻绳编成的，即先将纺好的麻线捆编成辫，然后用较粗的麻辫钩织麻片，最后将麻片拼合成完整的麻鞋。

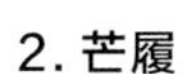

◄ 唐代麻鞋

2. 芒履

北魏杨炫之《洛阳伽蓝记》记载：“布袍芒履，倒骑水牛。”

芒履是由芒草编织而成的鞋履，多由穷苦百姓穿着。芒草不仅可以作为草鞋的原材料，还可以用于染色，是我国古代制取黄褐色染料的重要原材料。

头戴偏叠绦头、身穿皂缘交领小袖衣和小口布裤、脚穿麻鞋的农人

场景十八　春日里农妇在地里采桑

春天到了，翠绿的桑叶重新从枝头长出来，年轻的农妇们常结伴去采桑叶喂蚕。一早起来，农妇们头梳反绾髻，或是穿宽袖襦裙，或是穿直袖裤褶，脚上穿着合鞋，三五成群地向桑园走去，一路上叽叽喳喳，像是新出巢的小鸟，不时采摘路上开得艳丽的野花簪在耳旁鬓间，红花映面，更显可爱。

一、反绾髻——发髻反挽，便捷爽利

反绾髻是一种将头发拢结于顶，用布带扎成一股或多股，再按照自己的心意反绾成各种样式的发型，梳起来简单且不容易散开，很适合农妇。唐顾况《险竿歌》中有“翻身挂影恣腾蹋，反绾头髻盘旋风”一句，这说明梳反绾髻的妇人举止爽利、行动敏捷，丝毫不受长发影响。反绾髻是一类发型的总称，根据反绾的形状可以分为惊鹄髻、翻刀髻、元宝髻、朝天髻等。梳法是先将鬓枣插在头上，再用梳子将头发梳隆几下抓成发髻，反绾起来，最后将鬓枣抽出来，这样一个松垮自然的反绾髻便梳好了。

这一时期被用来绑头发的头绳被称作“头带”，魏晋衣物疏中常见此名。宋高承《事物纪原》引唐刘孝孙《二仪实录》记载：“燧人时为髻，但以发相缠而无物系缚；至女娲之女，以羊毛为绳，向后系之，后世易之以丝及彩绢为之，名曰头带。”

▲ 甘肃嘉峪关魏晋新城墓《宴饮图》中梳反绾髻的女主人和侍女

◀ 反绾髻

二、采桑服饰——宽袖襦裙，直袖裤褶

甘肃酒泉画像砖采桑图中的采桑女有两种打扮：一是裤褶打扮，穿红色的交领褶衣、白色的阔腿裤，将褶衣下摆掖进裤内，裤腰提得很高；二是襦裙打扮，上襦下裙均由红、白两色面料制成，上襦整体由白色面料缝制而成，仅领缘和袖缘为红色，下裙则是红白相间的间色裙。间色裙也称“破裙”，裙身上的每一片狭条称为一破，魏晋时期流行六破裙，隋唐时期流行十二破裙。

▸ 甘肃酒泉画像砖《采桑图》中身穿襦裙和裤褶的采桑女描摹图

甘肃嘉峪关魏晋墓砖画中采桑女身穿直袖襦裙，裙长较短，刚到小腿，露出裙内的小脚布裤。比较有特点的是，砖画中采桑女的裙摆有一定弧度，呈花瓣形。

▸ 甘肃嘉峪关魏晋墓砖画中的采桑女描摹图

三、合鞋——丝麻编织，和谐之意

《中华古今注》记载：“至东晋，又加其好……凡娶妇之家，先下丝麻鞋一緉（liǎng，双），取其合鞋之意。”

合鞋是一种丝麻鞋，一种说法是鞋底用麻制作，鞋面用丝制作。东晋时期，合鞋是重要的聘礼，男方向女方求亲，必须要携带一双丝麻鞋赠送给女方。因为合鞋与“和谐”谐音，所以它承载着对即将形成的小家庭最真挚的祝福。

有一种说法是，男方向女方提亲时，并不将两只鞋全部赠送给女方，而是只留下一只，到洞房时再将另一只鞋亲自交到女方手中。婚礼结束后，合鞋便成了新妇日常穿着的普通鞋子，每当新妇低下头看到脚上的合鞋时，必然会回忆起婚礼时的场景，心中升腾起幸福和喜悦。

合鞋可以算得上是一种婚鞋了，现代婚礼尚红，很多地区都流行新娘穿红鞋，但是在古代很长一段时间内，绿色婚鞋是占主流的，尤其是在河南等地区，至今还流传着“脚穿绿，不受屈”的说法。最早关于婚礼上脚下一抹绿色的记录，可追溯至宋人孟元老创作的文学作品《东京梦华录》：“新人下车檐，踏青布条或毡席，不得踏地。”

关于绿色婚鞋的传说比较多：有说“绿”谐音“禄”，两脚穿绿代表了人们对美好生活的期盼；有说“绿”谐音“捋”，是“捋捋新娘子的脾气”的意思，是婆家给新娘的下马威。笔者在此提出另一个猜想，自汉代起，绿色被看作是一种间色，也可以说是“贱”色。为什么大喜的日子要穿绿色的鞋呢？也许是因为鞋是被踩在脚下的，将“低贱”的绿色踩在脚下，可能有与“踩小人”相似的心理。

魏晋南北朝时期的合鞋是什么颜色无从考证，但是根据衣物疏的记载，这一时期的男鞋颜色多为正色，女鞋颜色多为间色。如此说来，合鞋鞋面为绿色也未可知。

◂ 合鞋推测图

头梳反绾髻，身穿宽袖襦裙、小脚布裤和绿色合鞋的采桑女

四、梳头用具——梳篦理发，鬓枣松鬓

（一）梳篦

颜师古注《急就篇》记载："栉（zhì）之大而粗，所以理鬓者谓之疏，言其齿稀疏也；小而细，所以去虮（jǐ）虱者谓之比，言其齿密比也。皆因其体而立名也。"

疏即梳子，是用来梳理头发的用具，传说由炎帝时期的著名工匠赫廉发明，宋高承《事物纪原》所引《二仪实录》中的记载："赫胥氏造梳，以木为之，二十四齿，取疏通之意。"

比即篦子，是用来清除发垢的用具，传说由春秋时期的陈七子发明。陈七子因罪入狱，狱中卫生条件比较差，长时间不能洗头，头皮奇痒无比，陈七子便用裂开的毛竹板清除发垢和虱子，由此有了篦子的雏形。

古代制作梳篦的材料主要为象牙、骨、玉、木和金属等。先秦时期的梳子多为骨梳，秦汉时期的梳子多为木梳、竹梳，此后，木、竹成为制作梳篦的常用材料。魏晋南北朝时期的梳篦形状多为马蹄形，纹样多为植物纹，不仅可以用于梳头，而且可以插在头上作为装饰。

梳头不仅能理顺头发、整理发型，还有养生的作用。魏晋南北朝时期的人已经认识到了这一点，嵇康《养生论》记载："春三月，每朝梳头一二百下，寿自高。"南朝梁陶弘景《真诰》记载："栉头理发，欲得过多，通流血气，散风湿也。"

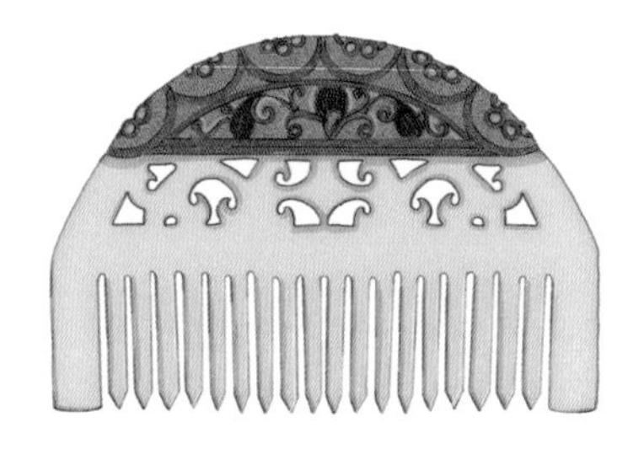

▲ 东汉玉梳描摹图

▲ 江西南昌火车站出土东晋木梳描摹图

（二）鬓枣

唐宇文士及《妆台记》记载："梁简文诗：'同安鬟里拨，异作额间黄。'拨者，捩（liè）开也。妇女理鬟用拨，以木为之，形如枣核，两头尖尖，可二寸长，以漆光泽，用以松鬓，名曰鬓枣。"

鬓枣是一种由玉石或木骨制成、形如枣核的用具，多用来"松鬓"，即妇女在梳头时先将鬓枣插进头发中，梳成后再将其拔去，这样梳成的发髻比较蓬松，符合当时人的审美。

五、簪花——额前鬓间，真假难辨

南朝齐谢朓《杂咏 · 镜台》云："照粉拂红妆，插花理云发。"

魏晋南北朝时期的妇女有簪花的习惯，所簪之花有真有假。有人看花开正好，顺手摘下，插在额间鬓角，是为装饰，例如谢朓在其《咏落梅》中有"新叶初冉冉，初蕊新霏霏。逢君后园宴，相随巧笑归。亲劳君玉指，摘以赠南威。用持插云髻，翡翠比光辉"，描述了丈夫采摘园中鲜花插在妻子云鬓上的场景。有人觉得鲜花很快就会凋谢，所以用假花代替，制作假花的材料主要为绢、罗、纱、绒、纸、通草等。通草是一种植物，将通草的内茎趁湿时取出，截成段，理直晒干，切成纸片状后，便可以染色，制作为通草花，以供簪首。以通草制作假花的历史可以追溯到先秦，《中华古今注》记载秦始皇要求宫人"插五色通草苏朵子"。魏晋南北朝时期，通草花仍旧流行，《二仪实录》记载："晋惠帝令宫人剪五色通草花插髻。"除此以外，前文所述的金钿也可以看作一种假花。

这一时期还出现了"簪白以致哀"的情形，《晋书 · 成恭杜皇后传》记载："先是，三吴女子相与簪白花，望之如素柰，传言天公织女死，为之著服，至是而后崩。"杜皇后去世后，三吴女子簪素柰花以为哀悼。

场景十九　夏日农人在田间除草

烈日炎炎，骄阳似火，蝉鸣不断。农人头顶大鄣日帽，赤裸着脊背，下身只穿一件简陋的犊鼻裈，打着赤脚在田间除草，豆大的汗珠从粗糙的面庞滑落，重重地砸在黄土地上。夏日是植物生长的好时节，如果不快点将野草除去，那么野草将会疯狂挤压农作物的生存空间，秋日的收成就堪忧了。

一、大鄣日帽——帽檐宽大，遮阳避暑

《晋书 · 五行志》记载："元康中，天下商农通著大鄣日。时童谣曰：'屠苏鄣日覆两耳，当见瞎儿作天子。'"

大鄣（zhāng）日帽是一种多由劳动者在夏日戴的帽子，特点是帽屋比较大，不管太阳在天空的哪个方位，宽大的帽檐都尽可能保证农人面部的皮肤和眼睛不会被阳光刺伤。宝成铁路沿线出土的汉代农民陶俑身穿短衣，头戴大鄣日帽。

由于大鄣日帽尚无出土实物且相关文献资料较少，所以具体形制无从推测，但是因

为劳动者的服饰一般不会随着朝代更迭而产生比较大的变化，所以可以借由后世的画像、文献资料推测这一时期大郛日帽的样貌。

唐张楚金《翰苑》注引《高丽记》最后一条史料中提到“郛日”二字，文中“郛日”与“接篱”并列，而接篱是一种遮阳帽，这符合“郛日”的遮阳帽属性；文中还提到郛日由猪毛制作而成，面料比较硬挺，所以帽檐形状比较固定。据此推测，大郛日帽就是一种毡帽。

郛日是劳动人民夏日常用的“遮阳利器”，接篱则不常戴。想来也正常，因为接篱由柔软轻薄的白色面料制成，很不耐脏，农人种地不可避免会弄污衣衫，无论是白衣、白鞋还是白帽，都不在农人的考虑范围内。

▲ 大郛日帽

► 宝成铁路沿线出土汉代农民陶俑线描图

北宋张择端《清明上河图》中赶鹅人所戴的毡帽形制与大郛日帽相似，画中可以看到赶鹅人所戴毡帽两侧缝有绳子，绳子系在脖子上，可以避免帽子被风刮走或因为动作幅度比较大而掉落，这符合体力劳动者的需求，所以笔者大胆推测魏晋南北朝时期的大郛日帽也是需要系绳或系布条的。

▲《清明上河图》中头戴毡帽的赶鹅人

二、犊鼻裈——合裆短裤，穷人专用

颜师古注《急就篇》记载：“合裆谓之裈，最亲身者也。”

犊鼻裈可以看作是现代的三角短裤，是一种很上不得台面的裤装，多为底层劳动者穿着。《史记·司马相如列传》中记载：“（司马）相如身自著犊鼻裈，与佣保杂作，涤器于市中。”司马相如的岳父卓王孙听说后深以为耻，甚至到了闭门不出的程度。

关于犊鼻裈名称的由来有两种说法：一种由南朝宋史学家裴骃提出，他认为“犊鼻裈”之名源于其形状，“犊鼻裈，今三尺布作，形如犊鼻”；一种由北宋史学家刘奉世提出，他认为“犊鼻裈”之名源于“犊鼻穴”，“犊鼻穴在膝下，为裈财令至膝，故习俗因以为名，非谓其形似也”。两种说法都有一定的道理，但笔者比较认同前一种说法，根据形状为服饰命名很普遍，例如前文提到的莲叶帽，但是以穴位为服饰命名着实少见。

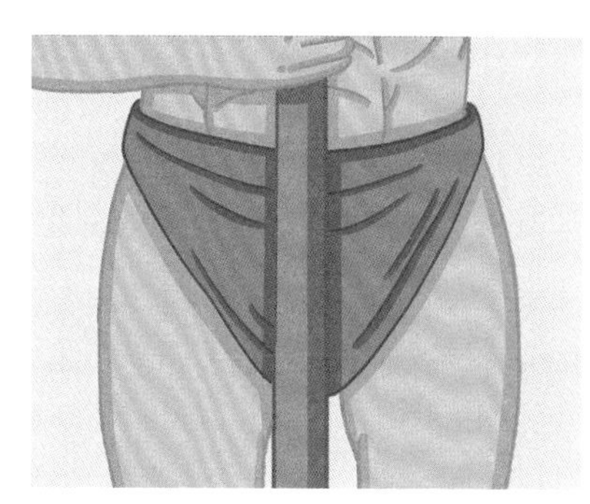

▲ 犊鼻裈

犊鼻裈虽然是穷人穿的服装，但是在魏晋南北朝时期，有些文人逸士性情放诞，也爱穿犊鼻裈。《世说新语·任诞》中就记载了这么一个故事：竹林七贤之一的阮咸七月七日在家晒衣，按风俗应晾晒华府，而他却用竹竿将犊鼻裈高高挂起晾晒。

宋陆游《老学庵笔记》记载：“一日往见许颛（yǐ）彦周，彦周髽（zhuā）髻，着犊鼻裈，蹑高屐出迎。伯寿愕然。彦周徐曰：‘吾晋装也，公何怪！’”这说明即使到了宋代，犊鼻裈也仍然是难登大雅之堂的一类服饰。

场景二十 冬日老人坐在屋内取暖

冬日寒冷，地里没有什么活计，老人、小孩都躲在屋内取暖。老人身子弱，容易受寒，所以戴冒絮以保护额头，身穿纸裘以保暖身体。

一、冒絮——以絮为巾，以得温暖

宋程大昌《演繁露》记载：“以絮为巾，即冒絮矣。北方寒，故老者絮蒙其头，始得温暖。”

冒絮又称巾絮、头上巾、絮巾、陌絮等，是一种填有棉（木棉）絮的头巾，有棉絮的部分覆盖在额头上用于保暖，多由老年人在冬季使用，是明清时期流行的“暖额”的前身。

冒絮早在汉代便已出现，《史记 · 绛侯周勃世家》中有“太后以冒絮提文帝”的描述。江西南昌东湖区永正街晋墓出土简牍中有“白絮巾两枚”五个字，这里的白絮巾应该就是冒絮。

▲ 冒絮

二、纸裘——树皮拍成，无纺衣料

（一）纸裘

纸裘出现于魏晋时期，流行于唐宋，是一种用纸制作而成的冬衣，此处的“纸”可作“榻布”理解。唐代颜师古注《史记 · 货殖列传》中解释“榻布”为“粗厚之布也，其价贱，故与皮革同其量耳，非白叠也。荅者，厚重之貌，而读者妄为榻音，非也。”

史书上有关纸裘的记载很少，所以纸裘到底是袍一类的服饰还是短上衣无从考证。笔者认为纸裘是上下一体的袍服，因为相比于上衣下裳、上衣下裤这类上下分属的服饰，袍服的保暖性更好，虽然会导致劳动不便，但是古代农民冬季大多休养生息，不务农事，不需要穿便于劳动的襦裙或裤褶。

纸裘在唐宋时期仍旧非常流行，还衍生出了纸被、纸帐等，除了平民百姓，文人、隐士也加入穿纸裘的队伍。宋洪迈《贤士隐居者》记载：“隆寒披纸裘，客有就访，亦欣然延纳。”南宋诗人陆游获友人赠送的纸被后，写诗赞美道：“纸被围身度雪天，白于狐腋软于绵。”（《谢朱元晦寄纸被背》）

纸裘的原料不但价格低廉，而且方便修补。宋苏轼《物类相感志 · 衣服》记载：“纸被旧而毛起者将破，用黄蜀葵梗五七根，捶碎，水浸涎刷之，则如新。或用木槿针叶捣水刷之，亦妙。”

根据唐宋时期对纸裘的记载，纸裘不仅保暖性好，洗之不坏，还能防水，但也有不透气的缺点，人长时间穿着不利于身体健康。宋苏易简《文房四谱 · 纸谱》中有：“山居者常以纸为衣，盖遵释氏云，不衣蚕口衣者也。然服甚暖，衣者不出十年，面黄而气促，绝嗜欲之虑，且不宜浴，盖外风不入而内气不出也。”

头戴冒絮、身穿纸裘的农人

（二）榻布

《史记·货殖列传》记载：“帛絮细布千钧，文采千匹，榻布皮革千石。”

榻布是一种粗厚的布，价格低廉，不是棉布，而是一种以植物皮茎为原料，经拍打技术加工而成的无纺布料，即“树皮布”。

树皮布也称谷皮，不仅可以用于制作袍服，还可以用于制作头巾、帽子等，广为流行：如谷皮帽，《梁书·张孝秀传》记载：“（张）孝秀性通率，不好浮华，常冠谷皮巾，蹑蒲履，手执并榈皮麈尾。”；如谷皮巾，《南史·刘讦传》记载：“讦（xū）尝著谷皮巾，披纳衣，每游山泽，辄留连忘返。”；如谷皮头，《后汉书·周党传》记载：“复被征，不得已，乃着短布单衣，縠皮绡头，待见尚书。”

当前学界对于树皮布的研究多局限在环太平洋热带地区，魏晋南北朝时期关于树皮布的记载也多分布在南方地区，例如晋左思《蜀都赋》中有：“异物崛诡，奇于八方，布有橦华，面有桄榔。”晋郭义恭《广志》中有：“黑僰濮（bó pú），在永昌西南……丈夫以谷皮为衣。”上文提到戴谷皮帽的张孝秀、着谷皮巾的刘讦都是南方人。“黎族树皮布”被列入海南省第一批非物质文化遗产代表作保护名录，海南省博物馆就有树皮布衣、树皮腰带、树皮帽等馆藏。

◄ 树皮衣（Ateliertheform 摄于上海历史博物馆）

然而《后汉书·周党传》中戴谷皮帽的周党是山西太原人，且不曾到南方做官。《魏书·西域传》记载：“（叠伏罗国）有白象，并有阿末黎，木皮中织作布。”这说明“拍打树皮制成树皮布”的工艺可能起源于热带地区，但在魏晋南北朝时期便已经传到北方。

常用于制作树皮布的原料主要为楮树，也是制作桑皮纸和宣纸的原料。

（三）石拍

石拍是制作树皮布的重要工具，其作用是将树皮捶打成可用于制衣的“布”。树皮布的制作过程非常烦琐，先找到合适的树并将树皮扒下来，再将扒下来的树皮放在水中浸泡、漂洗，然后利用石拍不断拍打树皮，将树皮拍打成片状，最后裁剪树皮布并缝制成所需要的服装。

三、百姓的冬夏衣料——夏用葛麻，冬用白叠

（一）麻布

麻布是用大麻纺织而成的面料，是我国最早的织物面料之一。大麻是一种雌雄异株的植物，雌株被称作苴（jū）麻，其纤维质地坚硬，做成的面料比较粗糙，常被用于制作丧服；雄株被称作牡麻、枲（xǐ）麻，纤维质地细软，做成的面料比较细密，常被用于制作夏衣。江西南昌东湖永正街晋墓出土衣物疏中有“黄麻复袍一领”“黄麻单衣一领”等语句，黄麻是一种植物，并不特指黄色的织物。复袍是由多层布料制作而成的袍，有防风御寒的作用，夏季比较少穿，这说明麻布虽然常用于制作夏衣，但也可以用于制作其他季节的衣服。

麻是如何变成麻布的？段玉裁注《说文·糸部》中有：“凡麻枲，先分其茎与皮，曰木。因而沤之，取所沤之麻而林之。林之为言微也。微纤为功，析其皮如丝，而捻之，而缲之，而续之，而后为缕，是曰绩，亦曰缉，亦累言缉绩。”即先分离麻秆的茎和皮，然后用水泡，泡软后拧干水分，抽出细丝，拧成细线，最后用麻线织布。

（二）葛布

葛是一种藤本植物，其茎皮纤维可以织成葛布。葛布又称“夏布”，因常用于制作夏装而得名，具有清爽、透气的特点。质地细密的葛布被称作“絺（chī）”，质地粗糙的葛布被称作“绤（xì）”。

（三）蕉布

《南方草木状》记载：“甘蕉望之如树，株大者一围余……一种大如藕，子长六七寸，形正方，少甘，最下也。其茎解散如丝，以灰练之。可纺绩为絺绤，谓之蕉葛。虽脆而好，黄白不如葛赤色也。”

蕉布是用芭蕉纤维制成的布，多用来制作夏衣，其色黄白，不如葛布受欢迎。

（四）棉布

《南史·高昌国传》记载：“有草实如茧，茧中丝如细纩（lú），名曰白叠子。国人取织以为布，布甚软白，交市用焉。”

棉布又称白叠布，比较厚实，保暖性较好，是士庶男女便服的常用布料。清郝懿行《证

俗文》记载：“自六朝以来，始以棉花为布。”此处的棉花不是现代的棉花，而是草棉或木棉。新疆吐鲁番阿斯塔那晋墓中布俑的衣裤就是由白叠布制成的。

（五）竹布

《南方草木状》记载：“箪（dān）竹，叶疏而大，一节相去六七尺，出九真。彼人取嫩者硾（duī，通堆）浸纺织为布，谓之竹疏布。”

竹布又称竹疏布，是一种由竹纤维制成的细布，质地坚韧，组织舒朗，有透气、吸汗等特点，多用于制作夏衣。

场景二十一　青壮小伙在田野中打猎

秋末冬初，地里农活基本干完了，青壮小伙相约到山中打猎，打到野鸡、野兔可以让家人饱餐一顿，打到狐狸或狼就更好了，“九月狐狸十月狼”，这时候的皮毛不仅成色好，保暖性也更强，拿来卖钱可以让家人过个好年了。窄袖利于驰射，长靿便于涉草，所以他们身穿各色圆领窄袖长袍、小口裤和长筒靴，头戴破后帽、卷裙小帽、席帽或折上巾。肩上架着鹰，腰间挂着箭袋，骑在马上，双手张弓，敏锐地扫视着每个角落，伺机射出一支冷箭，将猎物收入囊中。

一、破后帽——帽裙窄长，不能蔽耳

《南史》记载：“（南朝齐）永明中，百姓忽著破后帽，始自建业，流于四远，贵贱翕然服之。”

破后帽是一种帽裙下垂至肩膀，额间用绳带系缚垂结于脑后，帽顶较圆的帽子，流行于南北朝时期，传说为南朝齐萧谌所设计，《南齐书 · 五行志》记载：“永明中，萧谌开博风帽后裙之制，为破后帽。”相比于其他风帽，破后帽最显著的特点是帽裙长且窄，一般遮不住耳朵。

破后帽在北齐十分流行，我国著名考古学家孙机先生认为，北地苦寒，北齐人之所以爱戴破后帽，一方面是为了保温，防止冷风从后脖颈处灌入；另一方面是“保发型”，北齐人好梳小辫，破后帽的帽裙正好可以起到保护辫发的作用。

◄ 山西忻州九原岗北朝壁画墓中头戴破后帽的武士

二、卷裙小帽——帽裙上折，材质硬挺

卷裙小帽是一种帽裙向上翻转形成突起状，脖子上系带以固定的风帽。与破后帽相比，卷裙小帽的帽裙更宽更短，帽裙放下可以遮住耳朵，折起则有些形似虎头帽，看起来有娇憨可爱的感觉。

卷裙小帽有两种戴法，一种是将三面帽裙全部向上折起，一种是仅将左右两面的帽裙折起，后面的帽裙自然垂下用于保护后脖颈。

通过观察山西忻州九原岗北朝壁画墓中头戴卷裙小帽的人物画像，可以发现卷裙小帽的固定方式很有特点，帽子内部缝有两根距离不远的系带，夹住耳朵，绕到脖下打结固定。另外，相比于破后帽的飘逸，卷裙小帽的帽裙翻折后能够立起来，这说明其材质可能比较硬挺。

▲ ① ② 山西忻州九原岗北朝壁画墓中头戴卷裙小帽的武士

三、席帽——藤席为骨，帽檐垂网

（一）席帽

《中华古今注·席帽》记载：“本古之围帽也，男女通服之。以韦之四周，垂丝网之，施以珠翠。丈夫去饰……丈夫藤席为之，骨鞔（mán）以缯，乃名席帽。”

席帽也称围帽，是一种以藤席为骨架，形似毡笠，四缘垂下，可蔽日遮颜的帽子。席帽与前文所述的大鄣日帽有两个主要区别：一是材质不同，大鄣日帽是由猪毛制作而成的，席帽是由藤席制作而成的；二是大鄣日帽帽檐光秃，而席帽帽檐垂网。

▲ 山西忻州九原岗北朝壁画墓中头戴席帽的武士

（二）帷帽

席帽“帽檐垂网”的特征与后世的帷帽类似，很有可能是帷帽的原型。

帷帽也称昭君帽，但是在汉代并没有帷帽，只是因为唐代画家阎立本作品《昭君出塞》中的昭君头戴帷帽，才有这个别名。宋郭若虚《图画见闻志·卷一》记载：“至如阎立本图昭君妃虏，戴帷帽以据鞍，王知慎画梁武南郊，有衣冠而跨马，殊不知帷帽创从隋代，轩车废自唐朝，虽弗害为名踪，亦丹青之病耳。”

关于帷帽的记载，最早可以追溯至《旧唐书》。《旧唐书·舆服志》记载：“武德、贞观之时，宫人骑马者，依齐、隋旧制，多著幂䍦（mì qí）……永徽之后，皆用帷帽，拖裙到颈，渐为浅露……则天之后，帷帽大行，幂䍦渐息。中宗即位，宫禁宽弛，公私妇人，无复幂䍦之制。开元初，从驾宫人骑马者，皆著胡帽，靓妆露面，无复障蔽。士庶之家，又相仿效，帷帽之制，绝不行用。”

帷帽一般用黑纱制成，帽檐较宽，檐下垂有丝网或薄绢，是妇女出门远行时常用的帽子，唐初时一度被禁止佩戴，高宗时期又兴起。唐刘存《事始》引《实录》载：“女人戴者，其四缘垂网子，饰以朱翠，谓有障蔽之状。”这说明唐朝女性已经开始利用朱翠装饰帷帽。唐李昭道《明皇幸蜀图》中绘有两个头戴帷帽的骑马女子，女子头戴黑色帷帽，帽檐下垂红色薄绢，将薄绢分开拨到脑后，露出俊美的脸庞。因帷帽可以将脸稍稍露出，所以又得一美称——浅露。

▲ 李昭道《明皇幸蜀图》中头戴帷帽的骑马女子

帷帽在唐朝是女子专属，到了宋代，偶有男子使用。宋高承《事物纪原·帷帽》记载："今世士人，往往用皂纱若青，全幅连缀于油帽或毡笠之前，以障风尘。"宋周辉《清波杂志》记载："士大夫于马上披凉衫，妇女步通衢以方幅紫罗障蔽半身，俗谓之盖头，盖唐帷帽之制也。"这说明宋代帷帽是用黑纱全幅连缀在油帽或毡笠之前制成的，后来免去帽子，只剩一块方幅紫罗，缝制成风兜状，直接套在头上，被称作"盖头"。

需要注意，"盖头"一开始并不只在婚礼上用，宋代妇女，无论贵贱，出门都要"拥蔽其面"。宋司马光《居家杂仪》记载："妇女有故身出，必拥蔽其面。男子夜行以烛。男仆非有缮修，及有大故，不入中门。入中门，妇人必避之。不可避，亦必以袖遮其面。"宋李嵩《货郎图》中的两个民妇均头戴"盖头"。

▲ ①②《货郎图》中头戴盖头的民妇

四、窄袖长袍的奇特穿法——仅脱一袖，两袖系腰

宋沈括《梦溪笔谈·故事一》载："中国衣冠，自北齐以来，乃全用胡服。窄袖绯绿短衣、长靿靴、有蹀躞（dié xiè）带，皆胡服也。窄袖利于驰射，短衣、长靿皆便于涉草……带衣所垂蹀躞，盖欲佩带弓剑、帉帨（fēn shuì）、算囊、刀砺之类。"

魏晋南北朝时期的百姓好着胡服或改良胡服，无他，唯便利尔，圆领及翻领长袍是劳动人民常穿着的服饰，这在酒泉魏晋画像砖中也多有体现。

山西忻州九原岗北朝壁画墓的仪仗图中出现了窄袖长袍的两种奇特穿法，一种是脱去一只袖子，任由其垂在腰间，一种是将两只袖子都脱去，围在腰间打结固定，有些类似于藏袍的穿法。

◀ ① ② 山西忻州九原岗北朝壁画墓仪仗图中窄袖长袍的穿法

五、折上巾——巾角上折，形似蝙蝠

唐李贤注《后汉书》记载：“折上巾，盖折其巾之上角也。”

折上巾是一种将四角向上折起的头巾，形状与幅巾相同，但是材质非常硬挺，可以长时间保持上折状态不变。戴好的折上巾从正面看很像蝙蝠的翅膀。通过观察山西忻州九原岗北朝壁画墓中头戴折上巾的人物画像，发现折上巾有两种戴法：一种是与风帽搭配使用，先戴风帽，然后在风帽上固定折上巾，这种戴法的保暖效果比较好；一种是直接在头顶发髻上固定折上巾。

▲ ① ② 山西忻州九原岗北朝壁画墓中头戴折上巾的武士

第六章 稚子幼童服饰

魏晋南北朝时期没有童装的概念，所谓稚子幼童服饰，其实就是成人服饰的缩小版，例如《世说新语·夙惠》中有“晋孝武年十二，时冬天，昼日不著复衣，但著单练衫五六重”和“韩康伯年数岁，家酷贫，至大寒，止得襦”的记载，晋孝武帝和韩康伯十来岁的时候和成人一样身穿袍、襦等服饰。一般来说，年纪比较小的儿童所穿服饰与成人差距较大，但随着儿童年龄增长，其服饰“成人化”的程度逐渐提高，魏晋南北朝墓出土的童装形制都与成人类似，仅在细节处做了一些改动。

场景二十二　幼儿在母亲膝下玩耍

氏族聚会，几位姿容娇艳、举止雍容的贵妇各自抱了幼童跪坐在旁，酒席间的推杯换盏、觥筹交错竟似与她们毫不相干，偶尔相互间耳语几句，也只掩面轻笑。贵夫人们十分矜持，孩童们要放肆吵闹，一丰腴贵妇笑眯眯地将幼儿抱在膝上，颠来摇去地逗弄。幼儿已满三月，刚行过剃发之礼，只保留了头顶的少量头发，身穿贯头衣，脖子上围着涎（xián）衣。旁边的年轻贵妇神色恬淡，身如细柳，正蛾眉紧蹙地为女儿梳头。女儿已到总角之年，故将头发拢到头顶，分为两把，各扎一个发髻，身穿红色背带裙。她膝下还有一个更小的孩童，显然已经被收拾妥当，梳蒲桃髻，穿背带裙，正跪坐在一方纹锦上，手中抓着玩具，抬头看着母亲。

一、儿童发式——男角女羁，两髦总角

（一）鬌

《礼记·内则》记载："三月之末，择日剪发为鬌（duǒ），男角女羁。"

古代习俗，幼儿出生满三个月后，需行剃发之礼，一般是只留下头顶的少量头发，将其余头发全部剃掉，留下的头发被称作"鬌"。男孩留下头顶囟（xìn）门两侧的头发，宛如动物的两个角，因而被直接且形象地称作"角"；女孩则在头顶留出形似十字的部分头发，像马笼头，被称作"羁"。这一发型将一直保持到总角（八九岁至十三四岁）。根据《礼记·内则》的记载，幼儿出生满三月时，父母不仅要为孩子剃发，还要行沐浴之礼并为孩子起名，母亲抱着刚满三个月的孩子见父亲，父亲拿起孩子的右手，为孩子起名，象征着孩子得到父亲的承认，真正成为这个家庭的一员。

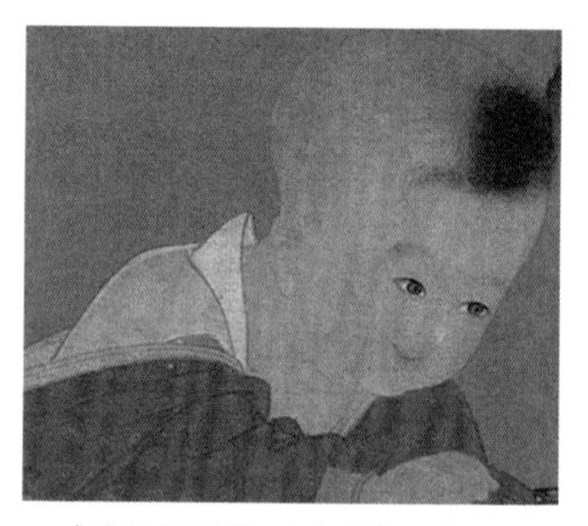

▲《秋庭戏婴图》中留鬌的儿童

（二）两髦

汉毛亨注《诗·鄘风·柏舟》记载："髦者，发至眉。子事父母之饰。"

两髦是一种将部分头发拢至头顶编为卯髻，再将剩余头发分垂两边，下及眉际的发式。传说唐代有一个叫刘海的仙童，因为前额总是垂下几绺短发，模样非常可爱，所以人们将额前的短发称作"刘海儿"。魏晋南北朝时还没有"刘海儿"这一称呼，而是叫作"髫（tiáo）"，由于未成年的儿童头发不必全部扎上去，额前有垂发，所以人们用"垂髫"来指代小孩子，如《桃花源记》中用"黄发垂髫"指代老人和小孩。

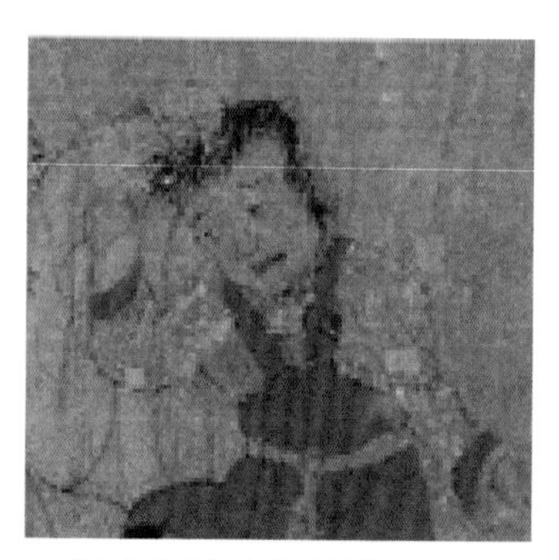

▲《女史箴图》中的垂髫幼童

（三）蒲桃髻

唐冯贽《云仙杂记》记载："小儿发初生，为小髻十数，其父母为儿女相胜之辞曰：'蒲桃髻，十穗胜五穗'。"

蒲桃髻是一种将幼儿头发分成多股，每股扎一个小髻，形似蒲桃的发式。《女史箴图》中幼儿发式与该描述比较类似，很有可能就是蒲桃髻，共扎五个小发髻，前、后、左、右、中各一个，很有对称美。

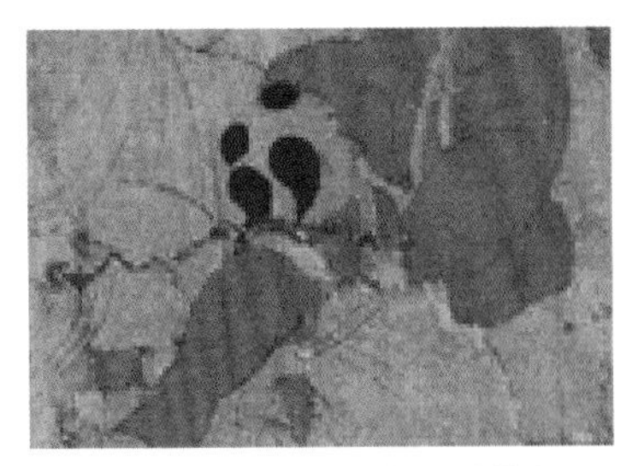

▲ 《女史箴图》中梳蒲桃髻的幼童

（四）总角

《礼记·内则》记载："男女未冠笄者，鸡初鸣，咸盥漱，栉縰（xǐ），拂髦总角，衿缨，皆佩容臭，昧爽而朝，问何食饮矣。"

总角也称总髻、总卯等，是一种将头发全部拢到头顶，再分成左右两部分，然后分别扎成小髻的发式，因为形似双角而得名，男女皆可留此发髻。总角之俗始于商周，秦汉之后历行不衰。

▲ 清《婴戏图》册之《斗草图》中梳总角的幼童

（五）螺髻

《古今注·鱼虫》记载："童子结发，亦谓螺髻，亦谓其形似螺壳。"

螺髻是一种形似螺壳的发式。魏晋南北朝时期佛教盛行，传说佛祖释迦牟尼之发作螺形，很多父母为了祈求佛祖保佑自己的孩子健康成长，为孩子起佛僧名，例如僧佑、僧护、梵童、悉达等，为孩子梳螺髻，也是此意。

▲ 螺髻

（六）两丸髻

《太平御览·乐部》载："王昙孙年十四五便歌，诸妓向谢公称叹王郎能歌，谢公甚欲闻之。而王既名家年少，无由得闻。诸妓又具向王说谢公意。后出东府土山上作伎。王时作两丸髻，著裤褶，骑马住土山下庾家墓林中，作一曲歌。"

▲ 两丸髻

两丸髻又称双童髻，是年纪较大的儿童未加冠时所梳的发型。《隋书·礼仪志》记载："（皇太子）若未加元服，则双童髻，空顶黑介帻，双玉导，加宝饰。"两角髻和两丸髻的区别主要在发髻的大小，年纪较小的儿童头发比较短，左右两枚发髻形似牛角；年纪比较大但是未成年的儿童头发比较茂密，所以左右两枚发髻形状比较圆润，就像两个丸子。

二、涎衣——状如衣领，脖后打结

晋郭璞注汉扬雄《方言》中有："（緊袼，yī gē）即小儿涎衣也。"

涎衣是一种由多层布帛缝制而成的服饰，状如衣领但一般比衣领大，上端缝制系带，脖后打结固定，用于承接幼儿涎水，即现代的围嘴。围嘴在古代有多种称呼，汉代时被称作裙，被记载在《说文·巾部》中，"帬（qún，通裙），绕领也"，意为肩背上绕颈部一周的衣饰，西汉时被称作"緊袼"，宋代时被称作"涎衣"，近代被称作"围嘴"。

涎衣的主要功能是吸附幼儿的口水和防止食物残渣弄脏衣服，所以制作涎衣一般选择比较厚实的材料，或由多层布帛缝制而成，贵族幼儿所戴的涎衣上还会有精美刺绣。敦煌莫高窟壁画《莲上化生童子图》中童子身穿由六片布帛缝制而成的涎衣，涎衣整体呈正六边形，上有刺绣，外侧有绿色缘饰。

▶ 甘肃敦煌莫高窟第329窟壁画《莲上化生童子图》中穿涎衣的幼童

三、贯头衣——套头穿着，穿脱方便

（一）贯头衣

贯头衣是一种套头穿的上衣，因为便于穿脱而流行。日本学者猪熊兼繁在《古代的服饰》中指出："所谓贯头衣，就是在一幅布的正中央剪出一条直缝，将头从这条缝里套过去，然后再将两腋下缝合起来的衣服。"

新疆且末扎滚鲁克墓地1号墓出土了一件儿童穿的贯头裙衣，上衣下裙分裁拼接缝合而成，由于上衣和下裙所用面料不同，且上衣胸、背衣片由不同色面料拼接而成，所以整体颜色非常丰富。

◀ 新疆且末扎滚鲁克墓出土贯头裙衣描摹图

（二）贯头衫

清沈钦韩《后汉书疏证》记载："大抵蛮夷俗衣，皆无襟，如竹筒耳。"

贯头衫也称贯口衫，是一种非常古老的服装款式，被看作半臂的雏形。甘肃辛店遗址出土彩陶上见到的剪影式人物的着装就是贯头衫，远观酷似现在的无袖收腰连衣裙。贯头衫是一种少数民族服饰，但随着南北方交流日渐频繁，这种穿着比较方便的服饰受到汉族人的青睐，逐渐在汉人群体中流行开来。

▲ 甘肃辛店遗址出土彩陶上的剪影式人物图

四、背带裙 / 裤——挂肩穿着，无须腰带

《女史箴图》中画了四个儿童，其中一个年纪略大些的儿童和他身前趴着的儿童各穿一条红色背带裙和白色背带裙，形制与第四章中的背带裙基本一致，由裲裆发展而来。新疆吐鲁番阿斯塔那 187 号墓出土的一幅唐代《双童图》中也绘有身穿背带裤的幼童形象。唐代三彩杂技俑的童子都穿背带裤，最上方的童子比较特别，身穿开裆背带裤。

背带裙和背带裤是魏晋、隋唐时期年纪稍长儿童的常见服饰，由于古代还没有松紧带，所以幼儿无论是穿裙还是裤都需要扎腰带。因他们的身材具有胸腰界限不明显的特点，腰带无法很好地固定裙和裤，而袍服会导致幼儿行动不便甚至摔倒，所以挂肩的背带裙、背带裤是比较好的选择。

▲《女史箴图》中身穿背带裤的幼童

▲ 唐代《双童图》中身穿背带裤的幼童

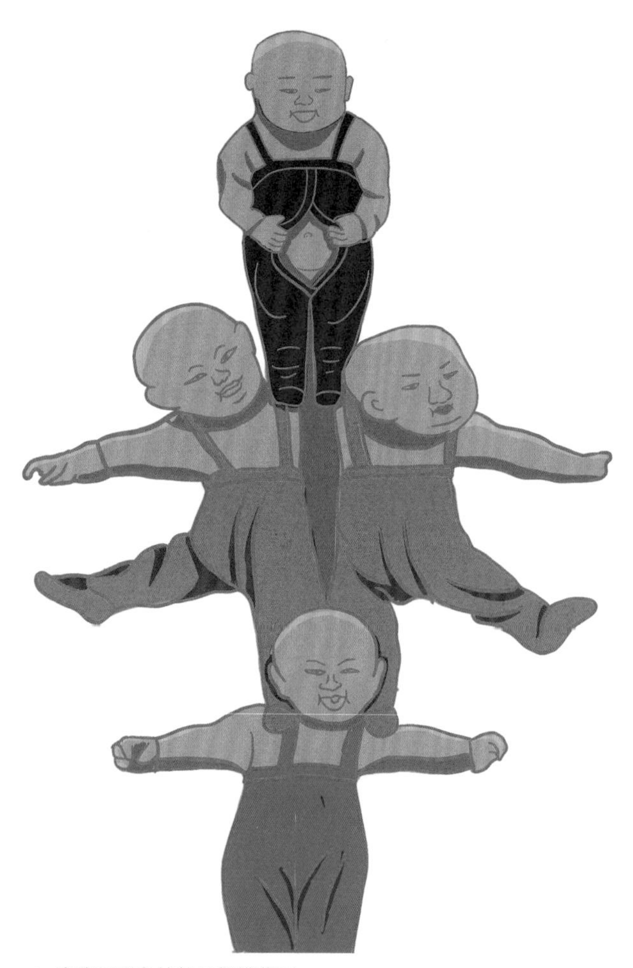

▲ 唐代三彩杂技俑局部描摹图

场景二十三　儿童在野外疯跑

春日里，日近西山，旷野上暖风微醺。燕子衔泥而归，掠过杨柳岸边，一群身穿方形裲裆和及膝裙的儿童手持弯弓，有的歪着脑袋打量站在树梢的黑燕，有的则煞有介事地围在桑树四周，承担大人指派的护桑任务。

一、方形裲裆——儿童常穿，活动方便

裲裆是魏晋南北朝时期流行的内衣，也是儿童常穿的服饰之一。安徽马鞍山三国朱然墓出土漆盘上的《童子对棍图》中两童子年纪较小，手持棍棒，周身仅穿一件裲裆。甘肃嘉峪关新城墓砖画《采桑图》中儿童上身穿裲裆，下身穿长度及膝的短裙。裲裆遮挡前胸和后背，既有保暖作用，又不限制儿童活动，是魏晋隋唐时期儿童常穿的服饰，后来被仅遮挡前胸和两侧的肚兜代替。

▲ 安徽马鞍山朱然墓出土漆盘中的儿童形象

▲ 甘肃嘉峪关新城墓砖画《采桑图》中的儿童形象描摹图

▲ 甘肃敦煌莫高窟藏经洞出土绢画《莲上化生童子图》中身穿裲裆的幼童

二、其他幼儿服饰——穿半袖衣，戴虎头帽

（一）襁褓

南朝梁顾野王《玉篇·衣部》记载：“襁，襁褓，负儿衣也。”

“襁”指包裹婴儿的被子，“褓”指缠绕襁以固定的带子。一周岁以下的儿童一般不穿衣服，此时包裹身体的襁褓可以看作他们的衣服。襁褓早在商周时期便得到广泛应用，时至今日，仍有家庭有利用襁褓包裹婴儿的习惯。唐吴道子《送子天王图》中天王怀抱的婴儿便身裹襁褓。

由于新生儿皮肤娇嫩，所以人们倾向于利用旧衣服制作襁褓，唐王焘《外台秘要》中记载当时民间流行用父亲的旧衣包裹男婴，用母亲的旧衣包裹女婴，一般不用崭新布

料制作襁褓，且周岁内的婴孩所穿其他衣物都尽量用旧衣制作。

唐李善《文选注》引《博物志》记载：“襁，织缕为之，广八寸，长尺二，以约小儿于背上。”这说明古代劳动妇女会利用襁褓将不足周岁的婴儿固定在背上，以方便一边照看孩子，一边劳作。

▶《送子天王图》中身裹襁褓的婴儿

（二）虎头帽

《南齐书 · 魏虏传》记载，“宏引军向城南寺前顿止，从东南沟桥上过，伯玉先遣勇士数人著斑衣虎头帽，从伏窦下忽出，宏人马惊退”。

虎头帽出现于北朝，最早是武士用帽，常与斑衣相配，用于展现武士的勇猛。幼儿体质较弱，父母常为其戴上可以遮挡前额、后颈、双耳的帽子防止风吹，《女史箴图》中绘有头戴红帽的幼儿形象，这类遮挡前额后颈的帽子可以看作虎头帽的雏形。人们看重虎象征的庇佑作用，便将虎元素移植到帽子上，形成了儿童用的虎头帽。陕西西安东郊洪庆墓出土武士俑所戴虎头帽有护耳，可以系结于颏下，这说明武士戴的虎头帽和儿童戴的虎头帽在形制上基本是一致的，仅在大小和材质上存在区别，儿童戴的虎头帽应该由比较柔软、细腻的布帛制成。

当前最早的幼儿用虎头帽实物例证是陕西西安东郊韩森寨唐墓出土的虎头帽襁褓陶俑，婴儿俑头戴虎头帽，身穿圆领衣，体外裹襁褓，身前有三条打结绑带。

▲《女史箴图》中戴红帽的儿童

▲　陕西西安东郊洪庆墓出土戴虎头帽的唐代武士俑描摹图

▶　陕西西安东郊韩森寨唐墓出土虎头帽襁褓陶俑描摹图

（三）半臂/袖

半臂/袖是古代儿童常穿的一类服饰，既能保暖，又方便活动。新疆若羌楼兰古城北墓出土的半袖绮衣是一件童装，衣长88厘米，通袖宽64厘米，上下分裁，上下连属，下摆宽大，袖端有荷叶边装饰，按尺寸推测穿着者年龄应该在六岁左右。甘肃敦煌莫高窟第220窟唐代壁画《化生童子》中绘有穿交领半臂和及膝裤的儿童。

▶ 甘肃敦煌莫高窟第220窟壁画《化生童子》中穿交领半臂的儿童

（四）木屐

魏晋南北朝时期，儿童除了赤脚、着履、穿靴等打扮，还有穿木屐的情况。由于这一时期的木屐大多是有齿的，可以算作一种“高跟鞋”，不适宜幼儿穿着，所以人们通过缩短屐齿等方式制作出了便于幼儿穿着的木屐。江苏南京城南颜料坊地块出土的一只木屐即为儿童所用，长约15厘米，宽约6.6厘米，屐齿仅有2厘米左右高，且比较厚实，按尺寸来看穿着者年龄应该在3岁左右。

三、幼儿首饰——金银制成，造型精巧

山东临沂洗砚池晋墓一号墓是一座儿童墓，墓主人分别为一岁、两岁和六岁的女孩，墓中出土了大量幼儿首饰，包括金环、金铛、金镯、金簪、金珠、银铃、银钗、云母片、串珠等。其中一枚银铃的腐蚀情况较轻，可以清楚看到铃上有菱形纹、圆纹、变形卷云纹等纹样装饰，且有镶嵌物。

头梳双螺髻、身穿圆领衣和背带裙的幼童

场景二十四　一场严肃的成人礼

幼帝年将十五，已经到了可以亲政的年纪，百官为其举办冠礼。幼帝头戴卷帻，身穿绛纱袍，身边站着头戴貂蝉冠的侍中常侍。御府将漆案上的冕、帻、簪导、衮服交给侍中常侍，太尉上前，除去幼帝头上的卷帻，细心为其梳拢发髻，郑重地将黑介帻戴在幼帝头上后退下，跪在地上宣读祝文："令月吉日，始加元服。皇帝穆穆，思弘衮职。钦若昊天，六合是式。率遵祖考，永永无极。眉寿惟祺，介兹景福。"语毕，太保上前，为幼帝戴上冕冠，侍中先为幼帝系上纨(dǎn)，又脱去幼帝身上的绛纱袍，为其换上衮服。

一、冠礼——二十加冠，以示成年

《礼记·冠义》记载："已冠而字之，成人之道也。"

冠礼是古代男性成年时举办的仪式，一般来说，男子二十加冠，由长辈、乡吏为其行冠礼，天子、诸侯等因特殊情况可以提前。魏晋南北朝时期，社会动荡不安，政权更替频繁，幼主亲政的情况时有发生，为了提高亲政的合礼性，将冠礼的时间提前到十五岁左右。而士人追求洒脱，习惯戴巾以展示反叛精神，所以冠礼衰落，甚至一度被废止。唐宋时期，冠礼复兴，但仅限于士大夫群体。明朝《大明集礼》对士庶冠礼都做出规定，但不局限在"男子二十"时，一般于嫁娶时举行冠礼。

《晋书·礼志》中记载了"江左诸帝"的加冠仪式："江左诸帝将冠，金石宿设，百僚陪位。又豫于殿上铺大床，御府令奉冕、帻、簪导、衮服以授侍中常侍，太尉加帻，太保加冕……加冕讫，侍中系玄纨，侍中脱帝绛纱服，加衮服冕冠。事毕，太保率群臣奉觞上寿，王公以下三称万岁乃退。”这里所记载的冠礼是对传统冠礼的简化，传统冠礼中用到的冠有三种，初用缁布冠，次加皮弁，再加爵弁，三加之后，剔去垂髫，梳发为髻，去除缁布，以示成人。

（一）卷帻

《后汉书·舆服志》记载：“未冠童子帻无屋者，示未成人也。”

卷帻又称半帻、半头帻、空顶帻，是一种无屋之帻，即仅在额头缠绕一圈，顶部无遮盖，通常由童子戴。关于帻的起源和发展，在第一章有详细论述，此处不赘述。

▲ 卷帻

（二）缁布冠

《仪礼·士冠礼》中有“缁布冠缺项，青组缨属于缺”，郑玄注曰：“缁布冠无笄者，著頍（kuǐ）围发际，结项中，隅为四缀，以固冠也。项中有䌰，亦由固頍为之耳。今未冠笄者著卷帻，頍象之所生也。滕、薛名幗为頍。”

缁布冠是由黑布制成的冠，不用笄，以頍围于发际，隅为四缀，项有孔眼，系缨以固定。頍是古代用于束发固冠的发饰；缺项是绕在额上的布带，在脑后打结，四角缀有绳结，可以用来系冠。当代学者钱玄在《三礼名物通释》中结合郑玄注文和其他学者的研究成果绘制了缁布冠图和缺项图。

▲ 缁布冠

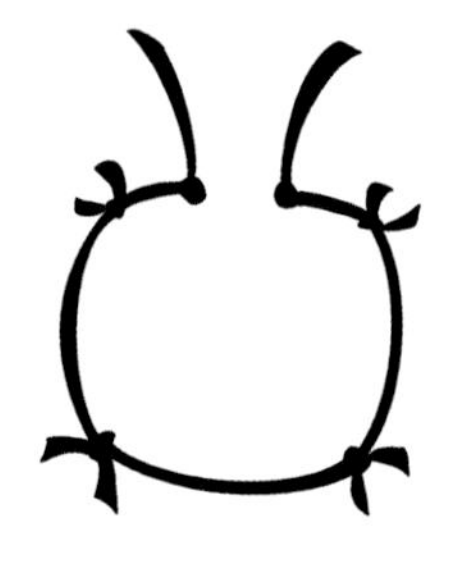

▲《三礼名物通释》中的缁布冠图和缺项图

（三）皮弁

《仪礼 · 士冠礼》中有“皮弁服，素积，缁带，素韠（bì）”，郑玄注曰：“皮弁者，以白鹿皮为冠，象上古也。积犹辟也，以素为裳，辟蹙其要中。皮弁之衣用布亦十五升，其色象焉。”

皮弁是由白鹿皮制作而成的冠，由三角形的白鹿皮拼接缝纫而成，整体呈圆锥形，形状类似后世“瓜皮帽”。宋学者聂崇义在《新定三礼图》中结合郑玄注文绘制了皮弁图。

▲ 皮弁

▲ 《新定三礼图》中的皮弁图

（四）爵弁

《仪礼 · 士冠礼》中有“爵弁服，纁裳，纯衣，缁带，韎韐（mò gé）”，郑玄注曰：“爵弁者，冕之次，其色赤而微黑，如爵头然，或谓之緅（zōu），其布三十升。”

爵弁形制与冕类似，但是没有旒，颜色也有差异，爵弁颜色深红，像雀头（爵通雀）的颜色，因颜色而得名。宋学者聂崇义在《新定三礼图》中结合郑玄注文绘制了爵弁图。

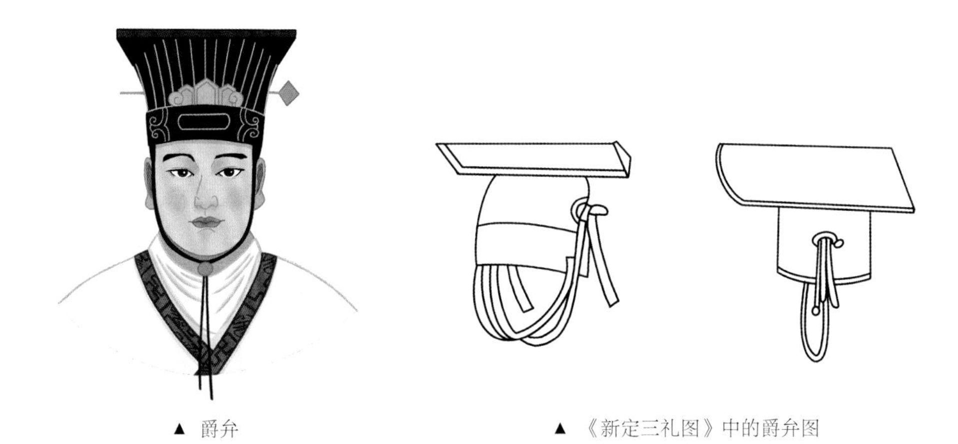

▲ 爵弁　　▲ 《新定三礼图》中的爵弁图

二、上头——女子十五，梳发加笄

晋佚名《欢好曲》中有：“窈窕上头欢，那得及破瓜。”

上头是古代女性成年时举办的仪式，一般来说，女子十五上头，改梳发髻并在髻上安插发笄，所以也称“及笄”，也可以说上头是传统及笄礼发展到魏晋南北朝的新称呼。女子上头后便进入人生新阶段，可以外出游玩庆祝。南朝梁萧纲《和人渡水诗》中有“婉娩新上头，湔（jiān）裙出乐游。带前结香草，鬟边插石榴”，描述的便是女子上头后外出游玩的场景。

相较于“及笄”专指女子十五岁成年，“上头”虽然多用于表示女子成年，但偶尔也能用于男子加冠。《南齐书 · 孝义传》记载：“华宝，晋陵无锡人也。父豪，晋义熙末，戍长安，宝年八岁。临别，谓宝曰：‘须我还，当为汝上头。’长安陷虏，豪殁。宝年至七十不婚冠。或问之，辄号恸弥日，不忍答也。”

上头之日，一般选在清明节前。宋吴自牧《梦粱录》记载：“清明交三月……凡官民不论大小家，子女未冠笄者，以此日上头。”

场景二十五　一场盛大的婚礼

春之暮，夏之初，残阳山头落，春江水瑟瑟，一场盛大的婚礼正在进行。新娘头梳云鬟，鬟上插着花钗，上身穿贴金罗襦，下身着曳地福裙，外面罩着无袖无袪、长度至膝的褧(jiǒng，通䌹)衣，腰间围着绣有同心苣纹的衣带，脚上穿着绣有并蒂花纹的合鞋，胸前垂缡巾，腰悬绣囊明珠，手执合欢纹画扇，巧笑倩兮，美目盼兮，袅袅婷婷，如弱柳扶风。

一、民间新娘打扮——华衣锦履，云鬟花钗

南朝沈约《少年新婚为之咏诗》中有：“山阴柳家女，莫言出田墅。丰容好姿颜，便僻工言语。腰肢既软弱，衣服亦华楚。红轮映早寒，画扇迎初暑。锦履并花纹，绣带同心苣。罗襦金薄厕，云鬟花钗举。我情已郁纡，何用表崎岖。托意眉间黛，申心口上朱。莫争三春价，坐丧千金躯。盈尺青铜镜，径寸合浦珠。无因达往意，欲寄双飞凫。裾开见玉趾，衫薄映凝肤。羞言赵飞燕，笑杀秦罗敷。自顾虽悴薄，冠盖耀城隅。高门列驺驾，广路从骊驹。何惭鹿卢剑，讵减府中趋。还家问乡里，讵堪持作夫。”

（一）罗襦绣裙罩薄衫

“罗襦金薄厕”即新娘上身穿罗襦，罗襦外有贴金装饰。“裾开见玉趾”即新娘下身穿着曳地福裙，行走间绣有并蒂花纹的合鞋若隐若现。福裙即幅裙，是用一整幅布料制作而成的裙子，《汉书·食货志下》记载：“布、帛广二尺二寸为幅，长四丈为匹。”因为“福”与“幅”谐音，且“福”有幸福之意，所以新娘成婚当天穿福裙，希望自己成婚之后幸福美满。魏晋南北朝时期，皇族婚礼沿用古制，新娘身穿深衣。但是由于南北方文化交流频繁，襦裙在民间更为流行，所以民间新娘结婚身穿襦裙，外套薄衫。

（二）并蒂花纹锦履

“锦履并花纹”即新娘脚上穿着绣有并蒂花纹的履，如前文所述，民间新娘成婚时穿被称作“合鞋”的丝麻鞋，鞋上所绣的并蒂花纹是对新人“夫妇一体”的祝福。并蒂花纹是魏晋南北朝时期的流行纹样，是一种一个枝头上开出两朵花的纹样，多为莲花并蒂纹，南北朝女诗人刘令娴《答唐娘七夕所穿针诗》中便有“连针学并蒂，萦缕作开花”的诗句。

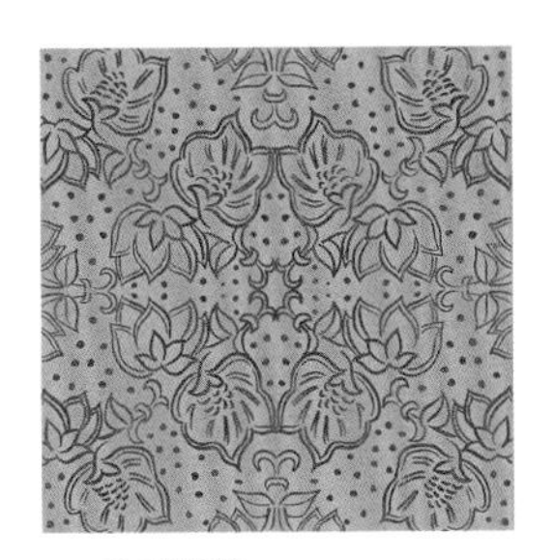

▲ 并蒂花纹

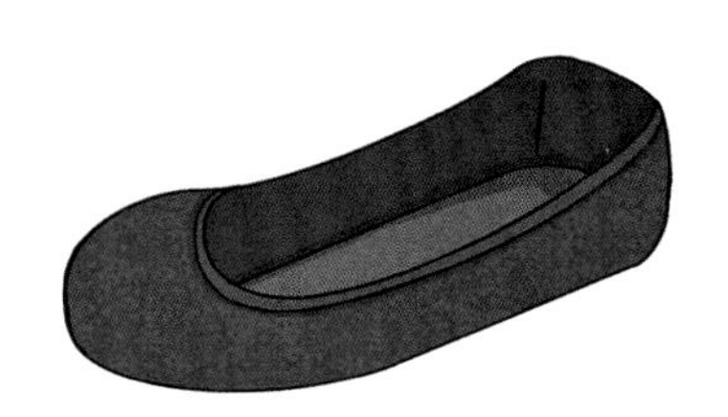

▲ 并蒂花纹锦履

（三）同心苣纹绣带

“绣带同心苣（jù）”即新娘腰间围着绣有同心苣纹样的腰带。腰带上所绣的同心苣纹是对新人“夫妇同心”的祝福。同心苣纹是一种盘绕联结的火炬状纹样，因为寓意吉祥，很受当时人的喜爱，所以出现了同心结、同心绳、同心扇等寓意吉祥的装饰品。

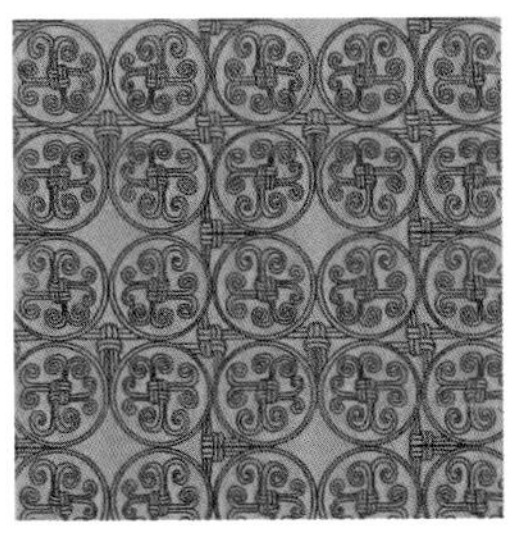

▲ 同心苣纹

▲ 同心苣纹腰带

（四）合欢纹画扇

“画扇迎初暑”即新娘手中拿着绘有合欢纹的团扇。合欢纹是一种对称纹样，表达了对新人“夫妇和谐”的祝福，是魏晋南北朝时期非常流行的吉祥纹样，南朝吴均《杂绝句诗》有“锦腰连枝滴，绣领合欢斜”句，南朝沈约《洛阳道》有“领上蒲萄绣，腰中合欢绮”句，都说明合欢纹被广泛应用在服饰上。

魏晋南北朝时期有却扇的习俗，即新娘出嫁时以扇掩面，直到与丈夫单独相处时才拿下团扇，颇有些神秘感，这一习俗后来被“掀盖头”代替。南朝梁何逊《看伏郎新婚诗》中的“何如花烛夜，轻扇掩红妆”，以及南朝陈周弘正《看新婚诗》中的“暂却轻纨扇，倾城判不赊”描述的便是却扇礼。

陈鹏先生认为：“扇，障扇也，用以障面，故名。其制始于汉。唯用于婚礼，则始见于晋。”（《中国婚姻史稿》）根据魏晋南北朝时期的诗赋分析，婚礼中新娘手中的扇应该为团扇，在很多描写夫妇和谐的诗中，都是用团扇这一意象来组句，例如魏晋诗歌《团扇郎六首·其一》：“七宝画团扇，灿烂明月光。与郎却暄暑，相忆莫相忘。”虽然自汉代班婕妤《怨诗》：“新裂齐纨素，皎洁如霜雪。裁为合欢扇，团团似明月。出入君怀袖，动摇微风发。常恐秋节至，凉飙夺炎热。弃捐箧笥（qiè sì）中，恩情中道绝。”后团扇成为弃妇的代名词，但因形状圆满也有团圆之意。

关于却扇礼，《世说新语·假谲》中讲述了一个故事。温峤的堂姑拜托温峤给自己的女儿介绍人家，温峤问堂姑想要个什么样的人家，自己这样的行不行，堂姑当时已家道中落，忙说找个能保证女儿衣食无忧的就行。温峤不久后对堂姑说已经帮她觅得佳婿，但没有说这个佳婿就是自己，等到表妹过门，拿下面前的纱扇，才发现娶自己的是表哥。不过聪明的表妹早就料到了，拍手大笑道：“我固疑是老奴，果如所卜！”

（五）䌹衣

汉《诗经·国风·郑风》中有“衣锦褧衣，裳锦褧裳”，郑玄注曰：“褧，单也。盖以单縠为之，中衣裳用锦，而上加单縠焉。为其文之大著也。庶人之妻嫁服也。士妻缁衣纁衻。”

䌹衣也称“过街衣”，是一种用麻布或轻纱制作而成的宽大罩衣，无袖无袪，长度至膝盖，女子出嫁时套在嫁衣之外，防止尘土飞扬弄脏衣裳。南朝梁江淹《丽色赋》中有：“春蚕度网，绮地应纺；秋梭鸣机，织为褧衣。”

由于魏晋南北朝时期战争频繁、社会动荡，所以平民百姓的婚礼讲究“速战速决”和“低调为上”，䌹衣除了避尘还有了新的用途，即遮住新娘，避免沿途受到骚扰。

二、皇家婚礼服饰——白色婚服，沿袭汉制

（一）太子、太子妃婚服

东晋张敞《东宫旧事》中记载了太子妃和皇太子妃的婚服，整理如下：

表 1　皇太子妃、太子妃婚服

皇太子妃	织成衮带、白玉佩
	步摇一具，九钿函盛之
	绛纱复裙、绛碧结绫复裙、丹碧纱纹罗裙、紫碧纱纹双裙、紫碧纱纹绣缨双裙、紫碧纱縠双裙、丹碧杯纹罗裙
	绛纱复裙、绛碧结绫袄裙、丹碧纱纹双裙、紫碧纱纹双裙、紫碧纱纹绣缨双裙、紫碧纱縠双裙、丹碧杯纹双裙
太子妃	绛地文履
	白縠白纱白绢衫并紫结缨
	绛绫袍

读表发现，皇太子妃的婚服颜色多为绛，材质多为纱縠，腰系织成衮带，悬垂白玉佩，头戴九钿和步摇；太子妃婚服颜色多为白，材质为縠、纱、绢，脚穿绛地文履。这一时期出现了“白色婚服”的现象，且婚服多由纱縠等材料制成，所以轻盈飘逸，与传统厚重严肃的婚服形成了差别，这可能是魏晋尚白所致，也可能是受到了佛教的影响。佛教艺术以白为贵，唐玄奘《大唐西域记》记载：（天竺人）衣裳服玩无所裁制，贵鲜白，轻染采。

（二）皇后婚服

皇后婚服沿袭秦汉形制，身穿袿襹大衣，盛装打扮。《晋书 · 礼志》中描述帝王大婚，多次提到《春秋》《左传》《仪注》等典籍，例如“穆帝升平元年，将纳皇后何氏。太常王彪之大引经传及诸故事以定其礼，深非《公羊》婚礼不称主人之义。”由此可以推测，皇后婚服基本沿袭前代，多用玄纁之色。《隋书》中记载了北齐皇帝结婚的场景：“皇后服大严绣衣，带绶珮，加幜”；“皇帝服衮冕出，升御坐”。前面提到的“幜”是一种古代贵妇穿的罩衣，《仪礼 · 士昏礼》记载：“妇乘以几，姆加景（幜），乃驱”。幜与上文的“褧衣”形制相似、材料不同，贵妇成婚时穿幜，庶人女成婚时穿絅衣。

三、缡巾——慈母亲系，垂于胸前

晋张华《女史箴》中有：“施衿结褵（lí，通缡），虔恭中馈。”

缡是古代女子出嫁时所系的佩巾，由母亲为其系结，有劝勉到夫家后尽力操持家务的意思，一般绕过脖子在胸前打结，以示敬顺恭勉。结缡专指女子出嫁，南朝沈约《奏弹王源》记载：“结褵以行，箕帚咸失其所。”

《仪礼·士昏礼》记载：“母施衿结帨（shuì），曰‘勉之敬之，夙夜无违宫事’。”其中“帨”与“缡”同义，后被称为“帨缡”，是重要的嫁妆，唐韩愈《寄崔二十六立之》有：“长女当及事，谁助出帨缡。”

帨缡一开始仅作为配巾使用，多用于拭物，形状为方形。汉代《毛诗注疏》记载：“传帨，佩巾。正义曰：《内则》云，子事父母，妇事舅姑，皆云左佩纷帨。”由于古代擦拭器具等家务由女性承担，所以帨一度成为女性的代名词，例如《礼记·内则》载“生男则悬弧（弓箭）于门左，生女则设帨于门右”。

后世帨缡形状多种多样，《三才图会》中的帨缡为长方形且末端带穗，清代帨缡形状为上窄下宽，有些类似于现代西装中的领带。

▲《三才图会》中的帨缡线描图

▲ 清内府绘本《皇朝礼器图式》中的彩帨图

▲ 清代的服饰图册中戴帨缡的女子

四、婚礼程序——六礼俱全，两族交欢

汉秦嘉《述婚诗》记载：“群祥既集，二族交欢。敬兹新姻，六礼不愆。羔雁总备，玉帛笺笺。君子将事，威仪孔闲。猗兮容兮，穆矣其言。”

《仪礼·士昏礼》规定婚礼六礼的具体内容为纳采、问名、纳吉、纳征、请期和亲迎，魏晋南北朝时沿用此俗。纳采即男方向女方提亲，问名即男方询问女方姓名，纳吉即男方占卜凶吉并将结果告知女方，纳征即男方向女方送聘礼，请期即男方通过占卜确定良辰吉日，亲迎即男方在预定吉日将新娘接到家中。

五、昏（婚）礼变迁——不贺转贺，不乐转乐

婚礼最早被称作昏礼，因在黄昏举行仪式而得名，古人认为黄昏时分，阳气将尽，而乐（yuè，指奏乐）有激阳的作用，与之冲撞，所以不乐；对于男方来说，结婚意味着添丁进口，对于女方来说，结婚却是人口流失，所以不贺。

《晋书》记载，晋穆帝与何皇后成婚时，太常王彪之负责确定婚礼礼仪，遵循古礼，规定娶妇之家，三日不举乐。永和二年，皇帝纳后，王述认为婚是嘉礼，皇帝成婚，邻国尚且可以来贺，本国人为什么不能庆祝呢，便在皇帝的授意下规定婚礼可贺，三天之后可乐。

南北朝早期，贵族婚礼且贺且乐，民间婚礼仍是不贺不乐，《宋书》中记载了南平王的儿子刘敬渊为了结婚向孝武帝刘骏借歌伎的故事，《魏书·高允传》记载：“前朝之世，屡发明诏，禁诸婚娶不得作乐……今诸王纳室，皆乐部给伎，以为嬉戏，而独禁细民不得作乐，此一异也。”

南北朝末期，平民百姓的婚礼也由不贺转贺，由不乐转乐。《周书·崔猷传》记载：“时婚姻礼废，嫁娶之辰，多举音乐。”

现代婚礼可以乐贺并举，还要感谢魏晋南北朝时期的这一转变。

场景二十六　一场肃穆的葬礼

官员因病去世，主家用素麻布装饰成门的形状，又将竹木松柏等围绕凶门插在地上，院内亲属按照亲疏远近分别身穿斩衰、齐衰、大功、小功、缌麻。前来吊丧的皇帝头戴白帢（qià），身穿白纱单衣和白裙，脚着乌皮履。逝者穿着整齐，脸上蒙着覆面巾，躺在松柏棺中，胸前放着两件小型殓服，身边散落着五谷囊、髻（shùn）囊等陪葬物。

一、吊丧服饰——白衣白帢，着乌皮履

魏晋南北朝时期对吊丧服饰没有特别的规定，吊丧者衣着朴素即可，一般带素冠、练冠，穿白单衣。《隋书·礼仪志》记载："白帢……盖自魏始也。《梁令》，天子为朝臣等举哀则服之。今亦准此。其服，白纱单衣，承以裙襦，乌皮履。"自南朝梁至隋朝，天子为朝臣吊丧都需头戴白帢，身穿白纱单衣，脚着乌皮履。

（一）帢

晋傅玄《傅子》记载："魏太祖以天下凶荒，资财乏匮，拟古皮弁，裁缣帛以为帢，合乎简易随时之义，以色别其贵贱。"

帢是一种男性便帽，通常以缣帛制作，尖顶无檐，形状与皮弁有些类似，有些帢前有缝隙，被称作"颜帢"，有些帢前面没有缝，被称作"无颜帢"。《晋书·五行志》记载："初，魏造白帢，横缝其前以别后，名之曰颜帢，传行之。至永嘉之间，稍去其缝，名无颜帢。"

▶ 甘肃酒泉画像砖中头戴帢的猎户

根据晋傅玄《傅子》的记载，帢的发明者是曹操。汉末天下大乱，曹魏军队资财乏匮，曹操仿照西周时期的皮弁，裁剪缣帛缝制成不同颜色的帢，根据帢的颜色可以辨别军士等级，十分醒目方便。由于帢制作非常简单，民间百姓纷纷效仿，帢就此流行开来。北朝之后，幞头、纱帽流行，帢逐渐演变为葬礼服饰。

（二）白帢

《南齐书·舆服志》记载："其白帢单衣，谓之素服，以举哀临丧。"

白帢也称"素帢"，是由素帛制成的一种帢，因为色白而得名，尊卑皆可戴，两晋时期尤其流行。《晋书·陆机传》记载："机释戎服，著白帢，与秀相见。"有人死后戴白帢入棺，《晋书·张茂传》记载："气绝之日，白帢入棺，无以朝服，以彰吾志焉。"

梁至隋，白帢成为帝王为朝臣吊丧时的服饰，唐初用过一段时间，后来长孙无忌认为“白帢出近代”（《旧唐书》），不应该用作帝王为朝臣吊丧的服饰，白帢吊丧之制被废除。

二、服丧服饰——五服制度，历代沿袭

五服制度是古人为死去的亲属服丧的制度，根据生者与死者之间的亲疏远近确定葬礼上的服饰。五服制度将亲属分为五等，由亲至疏依次穿斩衰、齐衰、大功、小功、缌麻。历代丧服制度基本沿用《仪礼 · 丧服》的规定，上至帝后，下及百姓，形制可能稍有损益，但丧葬习俗基本一致。

（一）斩衰

《晋书 · 元帝本纪》记载：“三月癸丑，愍（mǐn）帝崩问至，帝斩衰居庐。”

斩衰在“五服”中位列一等，因布料被斩断处外露而得名，由三生粗（古代麻布的粗细程度是用“升”来表示的，即经纱的根数。80 根经纱谓之一升，升数越多，说明麻布越细腻光滑。三生粗的麻布是一类非常粗糙的麻布）的生麻布制成，为上衣下裳形制，衣缘皆不包边，任由毛边露在外面，服期三年。服斩衰时，男子戴丧冠，女子梳丧髻，将麻绳结于胸前腰间，脚着菅（jiān）履。菅履是一种用菅茅茎叶搓成的绳子编成的草鞋。服丧期内，与死者最亲的服丧者们需要手执被称作“哭丧棒”的竹杖，这些执杖者称“杖期”，不需要执杖者称“不杖期”。

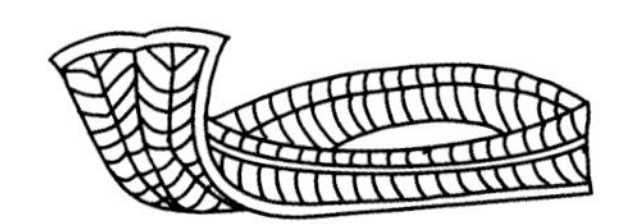

▲《三才图会》中的菅履线描图

（二）齐衰

齐衰在“五服”中位列二等，因将布料斩断处稍加修剪令其整齐而得名。其由比较粗糙的生麻布制成，为上衣下裳形制，衣缘部分修葺整齐，基本不露毛边，服期一年。齐衰时，男子戴丧冠，女子梳丧髻，腰间围被称作“绖（dié）带”的麻布带子，下穿绳屦。绳屦是由麻绳编制而成的草鞋，质地粗糙且无鼻。

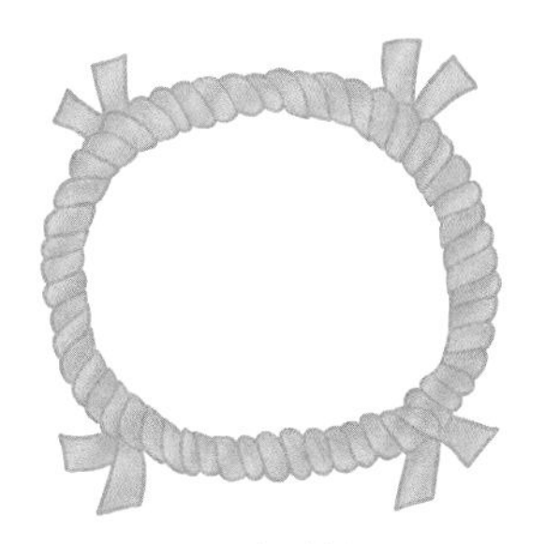

▲ 绖带形制图

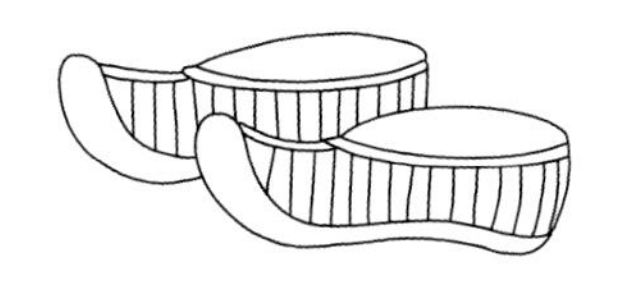

▲《三才图会》中的绳屦线描图

（三）大功

大功在“五服”中位列三等，由熟麻布制成，为上衣下裳形制，腰间围绖带，服期为九个月。熟麻布是经过煮练的麻布，相比于生麻布更加柔软。

（四）小功

小功在“五服”中位列四等，由比大功面料质地更细的熟麻布制成，为上衣下裳形制，腰间围绖带，服期为五个月。

（五）缌麻

缌麻在“五服”中位列五等，由脱胶后的熟麻布制成，为上衣下裳形制，腰间围绖带，服期为三个月。麻布脱胶后会变得更加柔软洁白。

（六）袒免

五服以外的远亲不需要穿丧服，只需要袒衣免冠，以表哀思即可。袒衣即褪下左衣袖露出左臂，免冠即将用于括发的冠摘下。

三、殓服——生前常穿，仿制故衣

根据魏晋南北朝墓出土男尸、女尸来看，逝者所穿殓服都是其生前常穿的，或者是对其生前常穿衣物的仿制，各类随葬品也如此。

（一）覆面

秦吕不韦《吕氏春秋》记载：“吴王夫差将伐齐，子胥曰：‘不可……今释越而伐齐，譬之犹惧虎而刺猏，虽胜之，其后患未央。’……夫差兴师伐齐，战于艾陵，大败齐师，反而诛子胥。子胥……乃自杀。夫差乃取其身而流之江，抉其目，著之东门……居数年，越报吴，残其国，绝其世，灭其社稷，夷其宗庙，夫差身为擒。夫差将死，曰：‘死者如有知也，吾何面以见子胥于地下？’乃为幎以冒面死。”

覆面是逝者头部或面部的覆盖物，材料有织物、玉石、漆木三种，其中织物制成的覆面又被称作“覆面巾”。虽然宋高承《事物纪原》将覆面巾定义为“今人死以方帛覆面者”，但从历代出土文物来看，覆面巾的形状、材质都不固定。湖北江陵马山一号楚墓出土了两种覆面：一种覆面形状为梯形，由绢制成，中部偏上有一条窄缝，下部有三角形缺口，恰好露出逝者的眼睛和嘴；一种覆面形似人面，由玉制成，不仅挖出眼睛、鼻孔和嘴的形状，还刻有象征眉毛和胡子的图案；湖南长沙马王堆一号汉墓出土了两件织锦覆面，一件为长方形，一件为等腰梯形，分别覆盖在前额及两眼、鼻梁处；江苏扬州仪征地区西汉墓出土的覆面为橄榄形（两头窄，中间宽）漆纱面罩，边框以竹片制成；新疆尉犁县营盘汉晋墓出土的覆面巾由素绢制成，为长方形；新疆吐鲁番阿斯塔那初唐墓出土的素绢覆面四角有系带，眼部开洞。

▲ 北朝连珠新月纹锦覆面描摹图

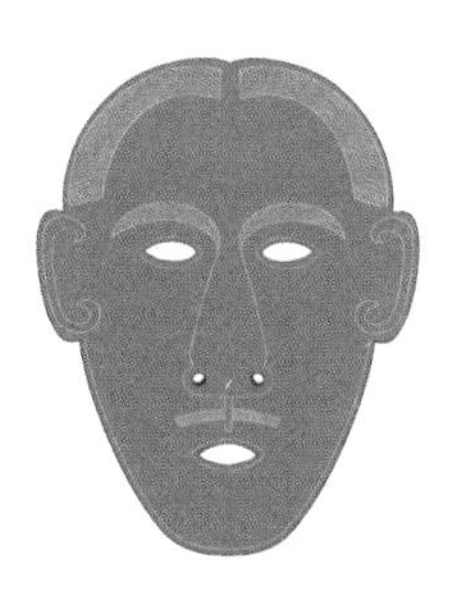

▲ 玉覆面描摹图（根据荆州博物馆文物绘制）

▶ 素绢覆面形制图（根据新疆吐鲁番阿斯塔那初唐墓出土文物绘制）

（二）五谷囊

三国魏王肃《丧服要纪》记载："五谷囊者，起伯夷、叔齐让国不食周粟而饿死首阳之山，恐魂乏饥，故作五谷囊。"

五谷囊是一种装有五种谷物的囊袋，放在逝者身边一同入棺。关于五谷囊的作用，有两种说法：一种认为五谷囊能用于贿赂地下小鬼，令逝者在阴间世界过得好些；另一种认为将五谷囊放在逝者身边是怕逝者在黄泉路上饥饿。

根据出土简牍文字记载，五谷囊的材料主要为布、缣、绮等，做工精细，以刺绣装饰。湖北江陵凤凰山 167 号汉墓出土了一个内有五个并列的小口袋、小口袋中盛有五谷的五谷囊。

除五谷囊外，当时人还流行用被称作"魂瓶""谷仓罐"的陶器装五谷，魂瓶上雕刻亭台楼阁等精美图案，可能是希望逝者在另一个世界能享受比较好的生活。浙江省绍兴县出土了一件三国时期的青釉魂瓶，罐体由上下两部分粘接而成，下半部分是表面光滑的大肚瓶，上半部分则是镂空的“百鸟争食”“牲畜满栏”等生活场景，通体施青釉，釉色纯净，非常精美。

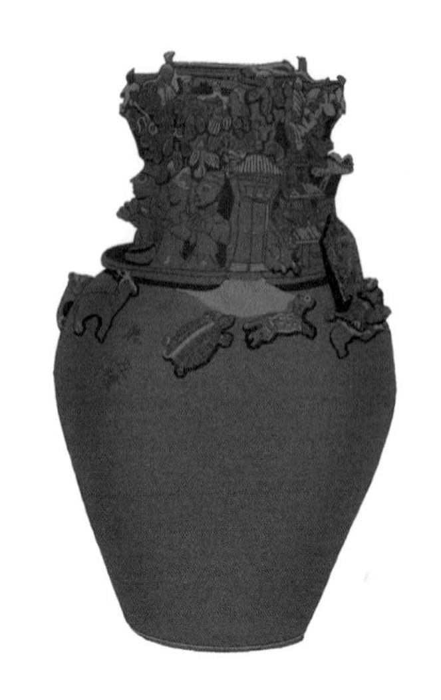

▶ 三国青釉魂瓶描摹图

（三）鬠囊

《礼记注疏 · 丧大记》记载：“君、大夫鬠爪实于绿中，士埋之。注：绿当为角，声之误也。角中，谓棺内四隅也。鬠，乱发也。将实爪、发棺中，必为小囊盛之，此绿或为篓。”

鬠囊是用于盛放逝者碎发的囊袋，放在逝者身边，与逝者一同入棺。古代逝者，无论男女贵贱，入棺前都要洗头洗身，梳头梳须，剪去手脚指甲。梳子带下来的头发和被剪掉的手脚指甲要埋起来，君、大夫的要盛放在小囊中随逝者一起入棺。装碎发的小囊被称作鬠囊，装手脚指甲的小囊被称作脚爪囊。甘肃高台骆驼城前凉墓出土的平民赵阿兹墓衣疏和夏侯妙妙墓衣物疏（详见附录一）中均有“鬠囊”的记载，这说明魏晋南北朝时期普通人和贵族都用鬠囊和脚爪囊。

四、赙赗——赠丧制度，慰劳功臣

《汉书 · 叙传上》中有“（班）斿之卒也，修缌麻，赙赗（fù fèng）甚厚”之句，颜师古注曰：“送终者布帛曰赙，车马曰赗。”

赙赗是一种赠丧制度，即为办丧事的人家提供物质帮助，汉代时成为一种礼制，皇戚近臣等有身份的人去世后，朝廷会厚加赙赗，以此表示对逝者的重视和尊重。魏晋南北朝时期沿用此制度，且等级规定、制度内容更加详细全面。

场景二十七　上巳节于洛水祓禊

三月三，上巳节，东风渐暖，天朗气清，柳吐新芽，林茂竹修。无论是达官显贵，还是平民百姓，都在这一天齐聚洛水边，脱去臃肿的冬衣，在水中洗濯沐浴后换上鲜艳的春服。竹林边，是褒衣博带的文人逸士在曲水流觞，饮酒赋诗；洛水旁，是脱去小袄，换上新襦的妙龄女郎，她们身穿绮、纨制作而成的襦裙，头插点缀着鲜艳羽毛的雀形金钗，腰间环佩叮当，她们一面嬉笑着泼水取乐，一面将枣、鸡蛋等放入水中，任由其随着水波浮沉。

一、袄——缀有衬里，多作冬衣

《后魏书》记载："高祖复至邺，见公卿曰：'朕昨日入城，见车上妇人冠帽而着小襦袄者。尚书何为不察？'"

袄是一种短衣，由短襦发展而来，最开始被称作"襦袄"，用作内衣，后来直称为"袄"。袄比襦长，比袍短，缀有衬里，通常以比较厚实的面料制作而成，能挡风御寒，多作冬衣用，穿在长衣之内，男女皆可穿。

"袄"这一称呼始见于南北朝时期，《南齐书·武十七王列传》记载："令内人私作锦袍绛袄，欲饷蛮交易器仗。"《宋书·徐湛之传》记载："初，高祖微时，贫陋过甚，尝自往新洲伐荻，有纳布衫袄等衣，皆敬皇后手自作。"《魏书·李平传》记载："赐奖缣布六十段、绛衲袄一领。"宋高承在《事物纪原》中断定："今代袄子之始，自北齐起也。"

小襦袄又称“小袄”，是一种长度介乎襦和袍之间，纳有絮绵的袄；衲袄是由多层布帛缝衲而成的袄。自北朝开始，袄开始在下层流行；隋唐时期有缺胯袄，因胯部缺一块而得名，为武士服饰，冬季穿着方便扳镫上马；宋朝有旋袄，为对襟短袖，长不过腰，中纳絮绵，冬季穿着；元朝有辫线袄，为交领窄袖，用丝线扭结成辫缝缀腰间；明朝有胖袄，内蓄绵絮，外形肥大，能御寒。

▲ 北朝小花文绮袄形制图

二、春服——质地轻薄，颜色鲜艳

西晋陆机《日出东南隅行》云:“暮春春服成，粲粲绮与纨。金雀垂藻翘，琼佩结瑶璠。”

上巳节是褪去冬衣，换上春服的日子。春服作为一种独特的意象，在魏晋南北朝时期关于上巳节的诗歌中非常常见，如西晋闾丘冲《三月三日应诏诗二首》中的“暮春之月，春服既成”，东晋陶渊明《时运》中的“袭我春服，薄言东郊”等。其中以陆机的《日出东南隅行》描写最为细致。现代学者叶嘉莹女士因此推断，所谓“春服”，应该是很轻软而且颜色很鲜明的衣裳，换上春服，就同时把寒冬那种深暗厚重的感觉卸下来了，从而产生一种春意萌发的快乐心情。

春服并不是一种形制固定的服饰，襦裙可，裤褶亦可，一般质地轻薄，颜色鲜艳，多由绮、纨等织物制成。由于上巳节还是少年少女约会的好时节，所以大家肯定会将自己最得意的春装穿在身上。

三、上巳习俗——曲水流觞，浮枣浮卵

（一）祓禊

《晋书·礼志》记载："汉仪，季春上巳，官及百姓皆禊于东流水上，洗濯祓除去宿垢。而自魏以后，但用三日，不以上巳也。"

祓禊（fú xì）是上巳节最重要的活动。上巳节这天，上至帝王百官，下至黎民百姓，都汇聚河水旁，用河水洗濯身体。祓禊的目的是拂除不祥。

（二）曲水流觞

晋王羲之《兰亭集序》记载："永和九年，岁在癸丑，暮春之初，会于会稽山阴之兰亭，修禊事也……引以为流觞曲水，列坐其次。"

曲水流觞是祓禊后文人逸士的活动，他们在流水旁席地而坐，将盛满美酒的觞放在水中（可能是将酒杯放在托盘上），令其顺流而下，酒杯在谁面前打转或停下，谁就要饮酒作诗。明文徵明《兰亭修禊图》中描绘了文人逸士列坐流水两旁、饮酒赋诗的场景。

▲《兰亭修禊图》局部

（三）浮枣浮卵

南朝陈江总《三日侍宴宣猷堂曲水诗》中有："醉鱼沈远岫，浮枣漾清漪。"

上巳节有浮枣、浮卵的习俗，卵即鸡蛋，这项活动可以看作一场祈子仪式。《史记·殷本纪》记载："有娀氏之女，为帝喾次妃。三人行浴，见玄鸟堕其卵，简狄取吞之，因孕生契。"妇女将枣、鸡蛋投入水中，模拟"玄鸟遗卵"，再将其吞下，祈求怀孕。

场景二十八　端午节双臂缠彩丝

五月初五，端午佳节，本应择鲜花、踏百草，可惜天公不作美，正玩至兴处，突然淅淅沥沥下起小雨，众人只得败兴而归。好在各人都早有准备，穿上“黄油”，手执油伞，透过黄油可以看到内里穿的细绢凉衣和胸前缝缀的五彩丝，真可谓是“年年端午风兼雨，似为屈原陈昔冤”（宋赵蕃《端午三首》）。

一、细绢凉衣——细绢裁制，贴身穿着

《方言》中有“袀䄡（yuè dàn），谓之单”，晋郭璞注曰：“今又呼为凉衣。”

凉衣是一种贴身穿的单衣，多在夏日穿着，凉衣可以外穿，内搭心衣、裲裆等，南朝宋刘义庆《世说新语·简傲》记载：“平子脱衣巾，径上树取鹊子。凉衣拘阂树枝，便复脱去。”

凉衣是一种单层无里的衣服，多由轻薄织物制成，夏季穿便于散热。魏晋南北朝墓出土衣物疏中有“练凉衣”“绢凉衣”“纱单衣”等条目。湖北江陵马山一号楚墓出土了一件凤龙相蟠纹绣紫红色绢单衣，为大襟小袖，领缘用大菱形纹锦，袖缘用彩条纹绮，质地轻薄，透过织物可以隐约看到内衣。

二、五彩丝——或缀胸前，或系臂间

南朝梁宗懔《荆楚岁时记》记载：“以五彩丝系臂，名曰辟兵，令人不病瘟。又有条达等织组杂物以相赠遗。取鸲鹆教之语。”

五彩丝又称辟兵缯、长命缕、续命缕、朱索等，是一种由青、赤、白、黑、黄五种颜色丝线制成的装饰品，有多种形状。《荆楚岁时记》记载：“青、赤、白、黑以为四方，黄为中央，襞（bì）方缀于胸前，以示妇人蚕功也。”此处描述的五彩丝是指利用青、赤、白、黑、黄五种颜色的丝线缠纸帛制成的菱角方片，按照“青、赤、白、黑以为四方，黄为中央”的方式缀于胸前，彰显妇女的桑蚕丝织本领。晋周处《风土记》记载：“练叶插五彩系臂，谓为长命缕”，此处描述的五彩丝是指在树叶上面缠些五色丝制成的装饰品，系在手臂上，祈求长命百岁，百毒不侵。

三、黄油——黄绢施油，可以御雨

清末民初吕思勉《两晋南北朝史》记载：“御雨之具，谓之黄油。”

黄油是一种雨具，类似现在的雨衣，由黄绢制成，通过在表面刷桐油或麻油形成防水层，用于避雨。宋胡三省《资治通鉴注》记载：“黄绢施油，可以御雨，谓之黄油。以黄油裹物，表可见里，盖欲萧衍易于省视也。”早在西汉时期，人们就开始尝试在绢上涂油，这种表面涂油的绢被称作“油素”。西汉扬雄《答刘歆书》记载，“雄常把三寸弱翰，赍（jī）油素四尺，以问其异语，归即以铅摘次之于椠（qiàn）”。西汉时，纸张还未完全普及，人们在绢上写字，但是绢比较昂贵，当时人便在绢上涂油制成油素，写在油素上的字可以拭去，能重复利用。《隋书·炀帝纪》记载：“（上）尝观猎遇雨，左右进油衣。上曰：‘士卒皆沾湿，我独衣此乎？’乃令持去。”文中提到的油衣即黄油。东汉崔寔《四民月令·五月》记载：“以竿挂油衣，勿襞藏。”即油衣不能折叠存放，必须用竹竿挂起。

除黄油外，常见的雨具还有油帔、油伞、蓑衣等。

油帔是用油布制成的防雨披肩，与油衣相比更朴素，防雨效果差一些。《晋书·桓玄传》记载：“裕至蒋山，使羸弱贯油帔登山，分张旗帜，数道并前。”

油伞是用油布制作而成的伞，南北朝之前，伞与盖的概念比较模糊，不具备收束功能；南北朝之后，出现了可以收束的伞。南宋魏庆之《诗人玉屑》记载：“前代士夫皆乘车而有盖，至元魏（北魏）之时，魏人以竹碎分，并油纸造成伞，便于步行骑马，伞自此始。”《南史·王籍传》记载：“（王籍）乃至徒行市道，不择交游。有时途中见相识，辄以笠伞覆面。”当时人在路上行走，手中执伞，看见不愿意打招呼的熟人，便将伞张开，遮住脸庞，假装陌生人擦肩而过。山西太原北齐徐显秀墓北壁壁画中绘有可收束的仪仗伞。

蓑衣是由棕榈皮编成的雨衣，穿起来不如黄油舒适，但是价格低，所以适用于平民百姓。晋葛洪《抱朴子·钧世》记载：“至于罽锦丽而且坚，未可谓之减于蓑衣。”

▶ 山西太原北齐徐显秀墓北壁壁画中收束的伞

四、斗草——端午游戏，妇孺皆宜

《荆楚岁时记》记载："五月五日，四民并踏百草，又有斗百草之戏。"

斗草是端午节的娱乐活动，深受年轻男女喜爱，最早出现于魏晋南北朝时期，也被称作踏百草、斗百草。关于斗草的说法有两种：一种说法是斗草就是人们各自采摘草药，看谁采摘的草药更珍惜、更稀奇，这是"文斗"；另一种说法是斗草就是两个人以叶柄相勾，捏住相拽，断者为输，此为"武斗"。

到唐代，斗草成为深受妇女儿童喜爱的一种日常游戏，并不局限在端午节进行。清金廷标《群婴斗草图》中即描绘了幼儿斗草玩乐的场面。

▲《群婴斗草图》局部

场景二十九　七夕节穿针乞巧智

七月初七，暑退凉来，秋风萧瑟，草木摇落。白日，家家户户晒书晒衣；夜晚，年轻的女郎们身穿紫福衫和青白罗裙，肘间系着臂珠，齐聚在一处，将家中带来的瓜果整齐地摆放在桌案上，诚心祈祷后，迎着月光穿针。只见她们掏出自己亲手制作的针衣，有用细竹编成、可以折叠的青针衣，还有由布帛制成、绣有花纹的文锦针衣。

一、青针衣——针衣囊袋，精巧非常

青针衣是一种用于储放针头线脑且可以折叠的针线包，制作时用细竹编成帘状，两面蒙绮，拦腰缝一细带。甘肃花海毕家滩墓出土桓妙亲衣物疏中有“青针衣”的文字记载。湖北江陵凤凰山167号西汉墓出土了疑似为青针衣的实物，该针衣由细竹条为骨架，四周缝制绛色绢缘，外罩褐纱，拦腰缝有绢制细带，长约11.5厘米，宽约7.6厘米，出土时叠为三折，内插钢针一枚。《礼记·内则》记载：“女子十年不出，姆教婉娩听从。执麻枲（xǐ），治丝茧，织纴组紃（xún），学女事以共衣服。”女红是古代女性的专属劳动，她们中的大多数人终日与针衣囊袋为伴。

乞巧节又称“女儿节”，年轻女子会比赛穿针。因为储放针线的针衣囊袋也是自己做的，能展示自己缝纫、刺绣技艺之高超，所以这些女子都会将自己最得意的作品拿出来，在正式穿针之前先较量一番。

这一时期的针衣囊袋形制多样、色彩丰富。新疆吐鲁番阿斯塔那古墓群是两晋至唐代的墓地，出土了多种针衣，有单口袋、近正方形的鸟兽纹刺绣针衣，有对折式、折叠后呈正方形的绛丝针衣，也有三折式大联珠猪头纹锦针衣等。

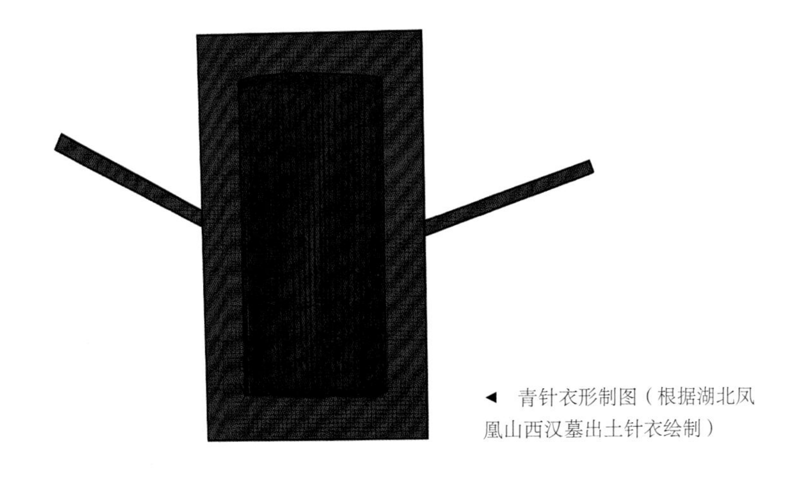

◄ 青针衣形制图（根据湖北凤凰山西汉墓出土针衣绘制）

二、臂珠——宝珠攒就，系于臂肘

西汉刘向《列女传·节义传》记载:“继母连大珠以为系臂，及(珠崖)令死，当送丧。法，内珠入于关者死。继母弃其系臂珠。”

臂珠是一种将珍珠、宝珠串在丝线上，然后系在手臂上的女性首饰。《急就篇·卷三》中有“系臂琅玕(gān)虎魄龙”，颜师古注曰:“琅玕，火齐珠也，一曰石之似珠者也，言以虎魄为龙，并取琅玕系著臂肘，取其媚好且珍贵也。”湖南长沙北门桂花园晋墓出土的衣物疏中出现了“臂珠”这一名称，但是暂无相关文物资料。

三、穿针——辟五彩线，穿七孔针

《荆楚岁时记》记载:“七夕，妇人结彩缕，穿七孔针，或以金、银、瑜石为针，陈瓜果于庭中以乞巧。”

穿针是农历七月七日夜妇女穿七孔针以向织女星乞巧求智的活动，汉代时便有此习俗，《西京杂记》记载:“汉彩女常以七月七日穿七孔针于开襟楼，俱以习之。”到魏晋南北朝，穿针习俗被发扬光大，有了乞巧、乞智的内涵，妇女穿针的场景更是成为七夕诗中常用的意象。根据《荆楚岁时记》的记载，妇女于七夕夜晚对月穿七孔针，七孔针即有七个孔的针，妇女必须将丝线一次性穿过针孔才算手巧，由于月色朦胧、秋风常起，所以并不容易。南朝梁萧纲《七夕穿针诗》中“针欹疑月暗，缕散恨风来”描述了穿针失败的场景。

穿针与“陈瓜果于庭中”一般是一同进行的，为的是乞求织女护佑赐福。宋李嵩《汉宫乞巧图》展示了七夕节女子摆放瓜果和对月穿针的场景。

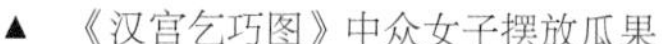

▲ 《汉宫乞巧图》中众女子摆放瓜果

▲ 《汉宫乞巧图》中众女子对月穿针

场景三十　重阳节登高佩茱萸

九月初九，天高云淡，草木凋零，哀蝉已逝，北雁南飞。男女老少皆登高，因秋风较凉，所以皆头戴面衣，身穿复袍、复衣、复裙，手臂上悬垂着绛红色的茱萸囊，有的人嫌麻烦，直接采了茱萸插在发髻上。一路上，众人说说笑笑，看秋景绚烂，攀爬至山顶后，拿出随身携带的菊花酒，开怀痛饮。

一、面衣——绫罗制成，四角缀带

《晋书·惠帝纪》记载："行次新安，寒甚，帝堕马伤足，尚书高光奉进面衣，帝嘉之。"

面衣是一种由绫罗制成、四角缀带、遮挡面部的服饰，使用时除眼睛外，面部其余地方都被蒙住，可以有效防止冷风扑面。隋唐之前，男女皆可用，五代之后，多用于妇女。宋高承《事物纪原·卷三》记载："又有面衣，前后全用紫罗为幅，下垂，杂他色为四带垂于背，为女子远行乘马之用。亦曰面帽。"到明代，面衣由四角缀带发展为两角缀带，《三才图会》中绘制的面衣在眼部挖洞加网，仅在上方两角处缝系带。

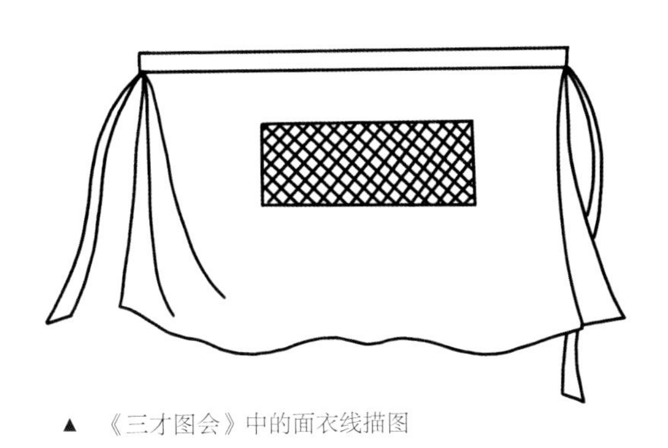

▲《三才图会》中的面衣线描图

二、紫碧复裙——数层布帛，略可保暖

（一）复

复有重复、繁复的意思，用在服饰中指代多层布帛。复衣、复裙即由多层布帛缝制而成的衣、裙，与单衣、单裙相比保暖性更好，适宜夏末秋初穿着。

（二）复裙、夹裙和絮裙

复裙是指由多层布帛缝制而成的裙，无衬里、外裙之分。夹裙是指有衬里而没有絮绵的裙，与复裙厚度相当，适宜夏末秋初穿着。絮裙是指纳有絮绵的裙，与复裙和夹裙相比更加厚实保暖，适宜在寒冷天气穿着，一般用作冬衣。

（三）间色裙

魏晋南北朝时期流行间色裙，使用不同色的织物制作成颜色相间的裙。根据魏晋南北朝墓出土的衣物疏来看，间色裙在女性群体中非常流行，颜色、材质多样，有绯碧裙、紫碧复裙、紫碧夹裙、绛碧夹裙等。

三、茱萸囊——内填茱萸，系于手臂

《荆楚岁时记》记载："今世人九日登高饮酒，妇人带茱萸囊。"

根据南朝梁吴均《续齐谐记》的记载，茱萸囊是一种由绛色织物制成，内填茱萸，系在手臂上的布囊。传说汝南人桓景随费长房游学，中途长房告诉他九月九日汝南将有大灾祸，只有缝制绛囊，内填茱萸，系于臂上，再登山饮菊花酒才可以解祸。恒景连忙通知家人，一家人按长房的建议居家登山，终免此灾。待家人下山回家，发现家中的鸡犬牛羊全部暴毙。自此，重阳节佩戴茱萸囊、登高饮菊花酒的习俗便流传下来。江苏常州戚家村南朝墓画像砖上即见有佩茱萸囊的妇女形象。

除了缝制茱萸囊，人们还可以直接将茱萸插在头上冠边以祈求平安。晋周处《风土记》记载："九月九日，律中无射而数九，俗尚此日折茱萸房以插头，言辟除恶气而御初寒。"

▶ 江苏常州戚家村南朝墓画像砖线中佩茱萸囊的妇女形象线描图

魏晋南北朝墓出土衣物疏汇总

衣物疏是一种随葬品，上面记录了墓主人的生平、死因和随葬衣物的具体清单。魏晋南北朝墓出土衣物疏是研究魏晋南北朝服饰的重要材料，这些衣物疏中记载的衣物多表述为“故××”，意思是这是死者生前穿的衣服，所以衣物疏中记载的服、饰、器并不是专门用于陪葬的，而是死者生前的常用衣物或对常用衣物的仿制。

表 2　魏晋南北朝衣物疏汇总

墓	衣物疏	服	饰	器
甘肃花海毕家滩墓	孙狗女衣物疏	绀褂（深青色粗绸头巾）、绸头（绸制头巾）、绛缠相（红色头巾）、绀绩头衣、练面衣、练衫、布衫、缃罗绣裲裆（浅黄色罗制刺绣裲裆）、绿襦、紫绣襦、碧裈、布裙、绯碧裙、碧袜、头系履	鍮石叉（黄铜钗）、绣囊、巾、练手巾	银履奁、布奁、绀绩被、镜奁、青延（竹席）、银镜、发刀、熨斗、杂彩瓢
	佚名衣物疏	练面衣、布裲裆、布襦、布衫、练裙、布裤、布裈、犀履（皮靴）	—	练延（练席）
	赵宜衣物疏	青褂、巾、练面衣、练衫、绿襦、布裤	银钗	松柏棺
	朱少仲衣物疏	碧褂发（碧色头巾）、练面衣、褶衣、布内衣、布大裤、布裈、革履	—	练延、布枕
	黄平衣物疏	面衣、绛头、绩头、练面衣、练发、练襦、练内衣、练衫、布裙、练裤、绢裙、练裈、丝履	—	布被、练延

续表

墓	衣物疏	服	饰	器
甘肃花海毕家滩墓	吕皇女衣物疏	绯碧头、綪头、发梢帔（扎头发的巾）、白练面衣、绵袄、锦衣、布裴（布制长衣）、丝履	两耳真珠（通珍珠）、杂彩香囊	练延
	桓妙亲衣物疏	青幓头、青黎头、布单褕、绛褕、白练单褕(短袖衣)、布衫、白练衫、绵内衣、布裙、硅绫裤、金黄裤、革履、绛地丝履、硅绫袜	斋支囊青、兜石叉、绝青粉囊、等墨叉（钗）、绛黄粉囊、黑角叉、桃枝杈、赤铜叉、黄缇手巾、白练巾、绛木带	斑梳奁（有花纹的梳妆盒）、青针衣（细竹编成的针线包）、铜壶、铜镜、铜尺、铜刀、黄延被
	佚名衣物疏	青头、布衫、缯裲裆、内衣、绣襦、布裤、绵裤、布裙、绣裤、袜、履	手帛	铜针
甘肃武威旱滩坡19号墓	姬瑜随身物疏	白练尖、巾帻、练面衣、白绢帢、青头衣、练褕、练裲裆、碧襦、白练襦、青訾衣、叠单衣、白练衾袍、白练福裙、练裤、练衫、练裈、练袜、青丝履	—	黄柏把（手握）、蒲席、黄绢审遮（黄绢枕巾）
	姬瑜妻随身物疏	褐帻、面衣、门巾（幅巾）、练尖、紫帻、练绵袍、结紫米袖、碧襦、白襦衽、黄罗襦裲裆、褐紫英衫、丹罗单襦、长裤、黄练袜	银钏、银环指镯	练遮（枕巾）、绢衾、玉沫镜、奁、镜、针线、绢被
甘肃玉门十六国墓	赵年衣物疏	杂彩袭、黄袷（夹衣）	练手巾	刀
甘肃高台骆驼城前凉墓	祁立智衣物疏	结发、皂头衣、白练衫、青裈	—	无
	盈思杂物种被疏	髲（假发）、面衣、襦、衫、裙、复裤、小单裤、履、袜	珰	幡（拭物或遮物的布帕）、手把、髻囊、被
	周女敬衣物疏	青褶、丝履	—	皂被
	周南衣物疏	冠帻、白巾、黄绢单衣、履	—	皂被

续表

墓	衣物疏	服	饰	器
甘肃高台骆驼城前凉墓	夏侯胜荣衣物疏	白布裙、青麻履	—	白布被
	夏侯妙妙衣物疏	紫须发、髲、散绡、绒帼（头巾）、紫裲裆、绿襦、紫福衫、大带、青白裙、缥裈、绒裤、紫带绨丝履	紫约耳、全黄白纺囊、缥黛囊、白练手巾	发梳、采梳、绒枕、白布被、皂爪囊、严具、皂鬠囊
	赵阿兹衣疏	结发、面衣、绿绂（丝带）、白练衫、绛襦、绯大襦、绵福衫、青裈、青裤、绛裤、布裙、绯缥裙、白绢缘裙、丝袜、丹丝履	钗、真珠、紫粉囊、白练手巾、巾、绯绣胡粉囊、紫搔囊	梳、紫把、皂梳具、铜镜、紫春囊、黄绢被、刀尺
江西南昌晋墓	张娟衣物疏	中衣、练衫、裲裆、黄绫裲裆	—	—
湖南长沙北门桂花园晋墓	周芳命妻潘氏衣物疏	絮巾、持绮方衣、练凉衣、绢凉衣、练衫、绛襦、黄縠襦、紫绫半衣、凉衣、白罗缩裲裆（短裲裆）、縠缩裲裆、绛复裤、紫碧複裙、紫碧夹裙、绛碧夹裙、紫纱夹裙、紫黄蔽膝、襟裙、练袜、斑头履	真珰（珍珠耳珰）、银锟、臂珠、银环、银钗、玳瑁钗、黄针线囊、练手巾、帛绢手巾、五谷囊、白布大巾	绮屝衣（鞋套或放鞋的盒子）、铜镜、栉父母（梳篦）、刷、严具馥（盛香粉、化妆工具的奁盒）、被、剪刀尺、细笙（簟席）、黄绮枕、玉猪
江西南昌东吴高荣墓	高荣衣物疏	青撮头、缚头、�缯、练褖、绢褖、练裲裆、练单褋、绢单褋、半缣複缚、练复缚、练小缚、练复褖（黑衣赤缘的袍服）、练复裙、复裳、复褋、皂丘单（丘地生产的单衣）、缣丘单、绢緅下、裈襹（连腰长襦）、皂褠（黑色的直袖单衣）、绢绶襦（黑经白纬绢制成的襦）、帛越褠（越地生产的褠）、绪布褠、麻疏单衣、麻疏褠、麻布单裤、麻布丘单、绪布丘单、绪布单裤、青缘、帛卢不借	帛布手巾、絮巾、厨巾、粉囊、香囊、指函、金银二囊、金钗	缣被、练被、青布被囊、镜、镊、导、绣鬠囊、青鬠囊、大刀、秤

续表

墓	衣物疏	服	饰	器
江西南昌西晋墓	吴应衣物疏	白绢帢、白絮巾、白练长裙、白练裹衫、白练复裲裆、白练夹裲裆、白练复裤、白练复裙、白练夹裙、白练襦、白练复衫、白练夹衫、黄麻複袍、黄麻单衣、白练复冒、丝履、白布袜、白练手套、绀襦	白布手巾、黄布手巾、白绢粉囊、五丝同心（用五种颜色丝线编织而成的同心结）、絮粉芬（放香粉的盒）	犀导、白练被、白绢帐、铜镜、白练覆面巾、练枕、疏细栉、白练镜衣、白布覆巾
内蒙古通辽萧氏家族墓	M2出土衣物疏	青複襦、黄绛连襡、大黄、绢緰头、撮绣裲裆、锦裲裆、白纻布裳、绛复裤、布衣、绣复裤、白练单衫、紫袷、青袷、帔巾、袜	金钗、银钗、玳瑁钗、手巾	绛被、纻布被、枕、镜、铰刀、针、针衣
	萧礼衣物疏	绢撮、覆面、佰头（帕头）、练衣、绢裤、袜、不借、绢褶	巾	无
甘肃武威三国墓	左长衣物疏	裲裆、襦、裤、裨、单衣、袜、履	巾	单被、梳具、铜刀
	药生衣物疏	尖（白帢）、衫、裲裆、绯褶	—	青被
	乌独浑衣物疏	尖（白帢）、青褶、单衫、裲裆、单衫、青布复褶、复褶阘裤、白布裤、壮裤、鞋	巾	旃幕（帐篷）、刀、弓箭、步叉（箭袋）

附录二

魏晋南北朝服饰形制汇总

表 3 魏晋南北朝服饰形制汇总

出处	名称	形制分析	形制图
新疆营盘汉晋墓	素绢套头袍	圆立领、套头穿着的袍服。淡黄色绢套头袍，身长约 120 厘米，通袖长 227 厘米，不仅领侧缝处开口系带，胯两侧还有开衩	
	卷藤花树纹罽窄袖长袍	以罽为制作原料，花纹为卷藤花树纹，领口、袖口都比较窄的长袍。交领，两襟大小基本相同。袍服衣长 117 厘米，通袖长 193 厘米，腰围 92 厘米，主面料为红地人兽纹罽，左襟下方接长三角形花树纹罽，两袖下半截由几何纹锦绦拼缝，里衬为淡黄色绢	
	绛紫色菱格花卉纹刺绣深裆绢裤	深裆裤裤管肥大且长至脚面，裤管单裁，横加裤腰，穿着时在裤腰上束带固定	

续表

出处	名称	形制分析	形制图
新疆营盘汉晋墓	帛鱼	主要由团状红色帛鱼主体、黄色装饰和黄色丝带三部分组成，利用缝线结合为一个整体	
	百褶灯笼裤	灯笼裤由两条裤腿和一块正方形的裆部组合而成，腰部和裤脚收口处都打了比较细的褶	
	绮夹襦	绮夹襦衬里由本色绢制成，袖中镶缝朱红色绢，领、襟处缀绢带，下摆处依次用大红绢、绿绢、贴金黄绢、棕色绢作缘边，其余部分由绮制成。该襦身长约 80 厘米，袖残长约 92 厘米，圆领阔袖，衣襟左掩且两襟下接缝尖角形下摆	
	绢夹襦	绢夹襦与绮夹襦形制相似，但是袖子宽大且下摆更尖更长	

续表

出处	名称	形制分析	形制图
新疆阿斯塔那墓	北朝绞缬绢衣	衣长72厘米，通袖长192厘米，袖口宽44.5厘米，袖子呈喇叭形，靠近腋下拼缝处横向打褶。基本呈对襟，穿着时右襟微微掩盖左襟，衣襟上有红、褐两组系带，用于系结。绢衣单层无衬里，袖缘内贴缝绢衬里	
新疆楼兰古城北墓	半袖绮衣	形制为交领右衽、上下分裁、腰间连属，有收腰设计，所以显得下摆格外宽大。袖长仅到手肘，肘部袖端有褶裥设计，呈喇叭状。腰间和下裳前门襟处都有带状装饰物	
新疆阿斯塔那东晋墓	织成履	履的鞋底是由麻绳编成的，长约22厘米，宽约8厘米，鞋帮则是由褐红、白、黑、蓝、黄、土黄、金黄和绿八种颜色的丝线挑织而成，鞋面上不仅织有祥云、对兽等图案，还有“富且昌宜侯王天延命长”十个隶书汉字	
中国丝绸博物馆	北朝对鸟纹绮风帽	风帽由对鸟纹绮织物制成，帽顶呈半球形，耳侧至脑后约三分之二处下垂帽披，帽披长达40厘米，头顶两侧、面颊两侧各缝有绢带用于脑后、颌下打结固定	

续表

出处	名称	形制分析	形制图
山西太原北齐徐显秀墓壁画	小袖式翻领披风	小袖式翻领披风的形制特点为平袖、翻领，小袖一般仅作装饰用，衣长至膝，领口留有细带可以扎紧，衣襟和下摆都有异色缘饰	
新疆和田尼雅墓	红色毛褐刺绣几何纹短鞠毡靴	毡靴靴底材料为皮革，鞋面材料为毛毡、绢和锦，靴头部位向前方凸出，靴底贴合足弓	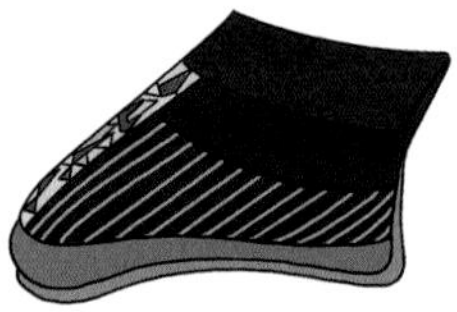
甘肃花海毕家滩墓	白练衫	衫是一种袖不施袪，制为单层的服装，可贴身穿，多由麻、葛、绫、罗、丝、绵等材料制成，一般袖口宽大且对襟。练衫即用练制作的衫	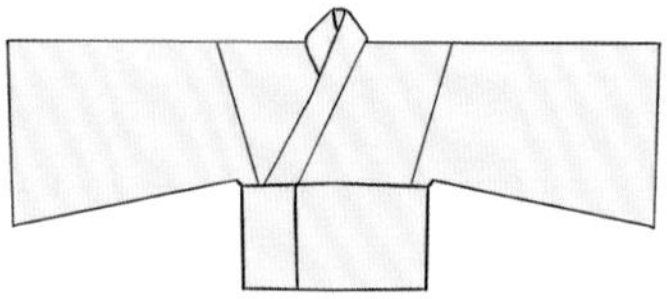
	碧绢裈	碧绢裈由两部分组成，一是条状的双层腰头，宽约3厘米；一是长方形的裈片，素绢镶边，宽约20厘米，缝制在腰头偏右的位置。碧绢裈由素绢、碧绢和织锦三种面料制作而成，素绢用于制作腰头和裈片镶边，碧绢用于制作部分裈片，织锦用于制作另一部分裈片，根据出土残片猜测，碧绢裈片用于遮挡身体前面，织锦裈片用于遮挡身体后面	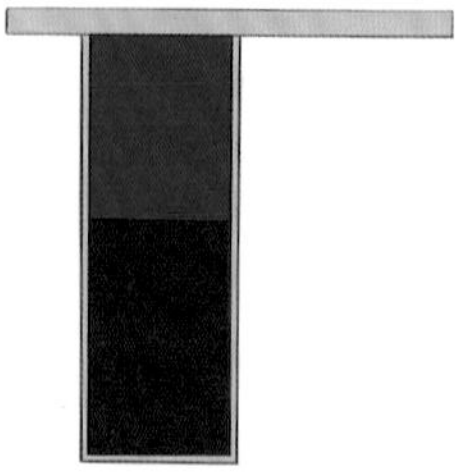

续表

出处	名称	形制分析	形制图
甘肃花海毕家滩墓	短绿襦	短绿襦领襟上部比较平直，下部起弧，衣片下方有长方形接布，与袖连接处和袖口处有竖直长条异色面料拼接。短绿襦由绿绢、素绢、紫缬、红缬四种面料制作而成，衣片由绿绢制作，衣片下的接布由素绢制作，领缘由素绢和紫缬拼接制作，衣片与袖连接处的竖直长条由红缬制作，袖口处的竖直长条由素绢制作，袖缘由绿绢、紫缬和红缬拼接制作	
	拼色绯绣裤	拼色绯绣裤为开裆裤，由碧绢和绯地刺绣绢制作而成，绯地刺绣绢是利用彩色丝线绣成的绯色绢布。碧绢主要用于制作腰头和裤片，绯地刺绣绢用于制作裤筒	
	绯罗绣裲裆	绯罗绣裲裆残片长约 49 厘米，宽约 44 厘米，穿在外衣和内衣之间，裲裆有两层，内外层面料皆为素绢，外层面料正中缝缀着一幅边长为 20 厘米的正方形星月纹图案的绯罗地刺绣，刺绣方式为锁绣	
	紫缬襦	紫缬襦形制与短碧襦基本一致，衣片为紫色绞缬绢布，扎染缬点为直径 1 厘米左右的空心圆，横向排列比较紧密，10 厘米内约 6 个缬；纵向排列比较宽松，10 厘米内仅有 4 行	

续表

出处	名称	形制分析	形制图
甘肃花海毕家滩墓	绯碧间色裙	绯碧间色裙由裙腰和裙身组成，裙腰由素绢制成，裙身推测共四片，绯绢两片，碧绢两片。由异色绢拼接，形成上窄下宽、底部呈平滑曲线的裙片，绯绢中间各有一个褶量比较大的竖褶。裙腰长度约为 72 厘米，宽度约为 7.5 厘米，裙长约为 60 ～ 70 厘米，是一件长度大约到膝盖的短裙	
	绀缯头衣	头衣由藏青色绢制成，顶部略有弧度，中间两侧各有颜色相同的系带，风大时可用于固定头衣	
成都蜀锦织绣博物馆	大袖对襟衫	北魏出土了一件怀抱琵琶、身穿大袖对襟衫裙的乐女俑，成都蜀锦博物馆以该俑为灵感复原了一件魏晋南北朝时期的大袖对襟衫，形制为大袖、对襟，领袖皆有异色缘饰	
内蒙古北魏墓	双色直领对襟襦	该襦以腰部为界，上下异色，两色拼接处右侧有一根与下部颜色相同的短带	

续表

出处	名称	形制分析	形制图
安徽马鞍山三国朱然墓	漆木屐	漆木屐长约21厘米，宽约10厘米，厚约1厘米，由屐板和屐齿两部分组成，屐板呈椭圆形，上有穿绳孔三个，屐齿为前后两个。木屐上打灰腻、发黑漆，最终呈现类似飘花的效果	
江苏南京城南颜料坊	连齿木屐	整木凿制的木屐	
	阴卯木屐	榫卯相连的木屐，榫头穿过卯孔但不露出	
	平底木屐	无齿木屐，虽然没有齿，鞋底仍旧很高，中间掏空	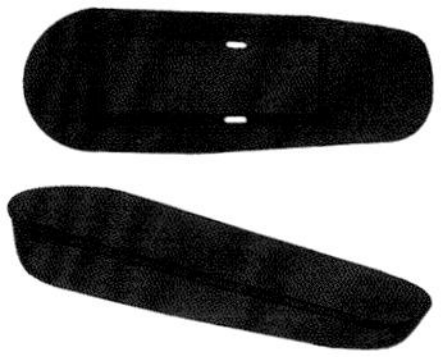
中国丝绸博物馆	北朝小花纹绮袄	窄袖，圆领偏右衽，上下异色，腰部两侧打有细褶，领、腰处各有一根系带，下摆呈喇叭状	

参考文献

[1] 吕思勉．两晋南北朝史［M］．哈尔滨：哈尔滨出版社，2016.
[2] 沈从文．中国古代服饰研究［M］．香港：商务印书馆，2018.
[3] 华梅．中国服装史［M］．北京：中国纺织出版社，2018.
[4] 周汛，高春明．中国衣冠服饰大辞典［M］．上海：上海辞书出版社，1996.
[5] 周汛，高春明．中国历代服饰［M］．上海：学林出版社，1997.
[6] 朱大渭，刘驰，梁满仓，等．魏晋南北朝社会生活史［M］．北京：中国社会科学出版社，2018.
[7] 华梅．服饰文化全览［M］．天津：天津古籍出版社，2007.
[8] 赵丰．西北风格汉晋织物［M］．香港：艺纱堂，2008.
[9] 华梅．中国文化·服饰［M］．北京：五洲传播出版社，2014.
[10] 楼航燕．汉晋风流：2022 国丝汉服节纪实［M］．上海：东华大学出版社，2023.
[11] 陈鹏．中国婚姻史稿［M］．北京：中华书局，2005.
[12] 贾玺增．中国古代首服研究［D］．上海：东华大学，2007.
[13] 孙机．步摇、步摇冠与摇叶饰片［J］．文物，1991(11)：55-64.
[14] 孙机．先秦、汉、晋腰带用金银带扣［J］．文物，1994(1)：50-64.
[15] 孙机．名称依旧，形制全非——中国服饰史中的几个例子［J］．艺术设计研究，2020(1)：24-28.
[16] 窦磊．汉晋衣物疏集校及相关问题考察［D］．武汉：武汉大学，2016.